U0149769

超立体的
祖母方格花样100款

[南非]凯蒂·摩尔　[英]莎娜·摩尔　[澳]席琳·瑟曼／著

倪嘉卉／译

中国纺织出版社有限公司

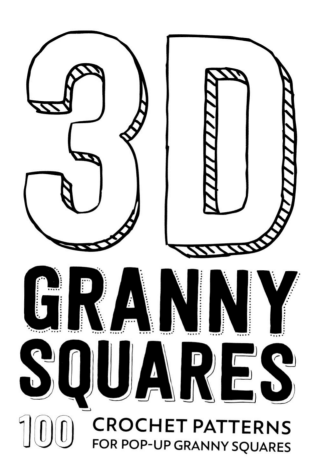

3D
GRANNY
SQUARES

100 CROCHET PATTERNS
FOR POP-UP GRANNY SQUARES

目录 CONTENTS

如何使用本书 ………………… 6

祖母方格 ………………… 9

食物饮料

甜甜圈 …………………………… 10
咖啡杯 …………………………… 11
冰激凌 …………………………… 12
曲奇饼干 ………………………… 13
煎蛋 ……………………………… 14
煎蛋隔热垫 …………………… **15**
冰棒 ……………………………… 16
格子派 …………………………… 17
华夫饼 …………………………… 18
杯子蛋糕 ………………………… 19
茶壶 ……………………………… 20
茶壶针插 ……………………… **21**
比萨 ……………………………… 22
糖果 ……………………………… 23

水果蔬菜

西瓜 ……………………………… 24
牛油果 …………………………… 25
苹果 ……………………………… 26
苹果杯垫 ……………………… **27**
橙子 ……………………………… 28
树莓 ……………………………… 29
樱桃 ……………………………… 30
樱桃信封包 …………………… **31**
奇异果 …………………………… 32
南瓜 ……………………………… 33
菠萝 ……………………………… 34
菠萝靠垫 ……………………… **35**
草莓 ……………………………… 36
草莓毛巾挂环 ………………… **37**

神奇动物

绵羊 ……………………………… 38
猪 ………………………………… 39
小兔 ……………………………… 40
老鼠 ……………………………… 41
美洲驼 …………………………… 42
美洲驼小包 …………………… **43**
狗 ………………………………… 44
兔子 ……………………………… 45
奶牛 ……………………………… 46
动物立方玩具 ………………… **47**
猫 ………………………………… 48
猫头鹰 …………………………… 49
鸡 ………………………………… 50

野生动物

熊 ………………………………… 51
火烈鸟 …………………………… 52
企鹅 ……………………………… 53
狮子 ……………………………… 54
狐狸 ……………………………… 55
熊猫 ……………………………… 56

海底世界

水母 ……………………………… 57
鲸 ………………………………… 58
鲨鱼 ……………………………… 59
螃蟹 ……………………………… 60
乌龟 ……………………………… 61
鱼 ………………………………… 62
贝壳 ……………………………… 63
海龟 ……………………………… 64
海星 ……………………………… 65

假日心情

遮阳帽 …………………………… 66
太阳 ……………………………… 67
棕榈树 …………………………… 68
沙雕城堡 ………………………… 69
沙滩拖鞋 ………………………… 70

小型生物

蜘蛛 ……………………………… 71
蜂窝 ……………………………… 72
蝴蝶 ……………………………… 73
蜻蜓 ……………………………… 74
瓢虫 ……………………………… 75
青蛙 ……………………………… 76
蜗牛 ……………………………… 77

花卉植物

复古花朵 ………………………… 78
多肉植物 ………………………… 79
蕾丝花朵 ………………………… 80
毛绒花朵 ………………………… 81
祖母花朵 ………………………… 82
爆米花花朵 ……………………… 83
多层花朵 ………………………… 84
花朵抱枕 ……………………… **85**
牡丹 ……………………………… 86
大丽花 …………………………… 87
紫罗兰 …………………………… 88
紫罗兰护腕 …………………… **89**
雏菊 ……………………………… 90
曼陀罗 …………………………… 91
玫瑰 ……………………………… 92
向日葵 …………………………… 93

装饰图形

祖母心形 ………………………… 94
精巧心形 ………………………… 95
双层星形 ………………………… 96
彩虹 ……………………………… 97
独角兽 …………………………… 98
月亮 ……………………………… 99
泰迪熊 …………………………… 100
钻石 ……………………………… 101
云朵 ……………………………… 102

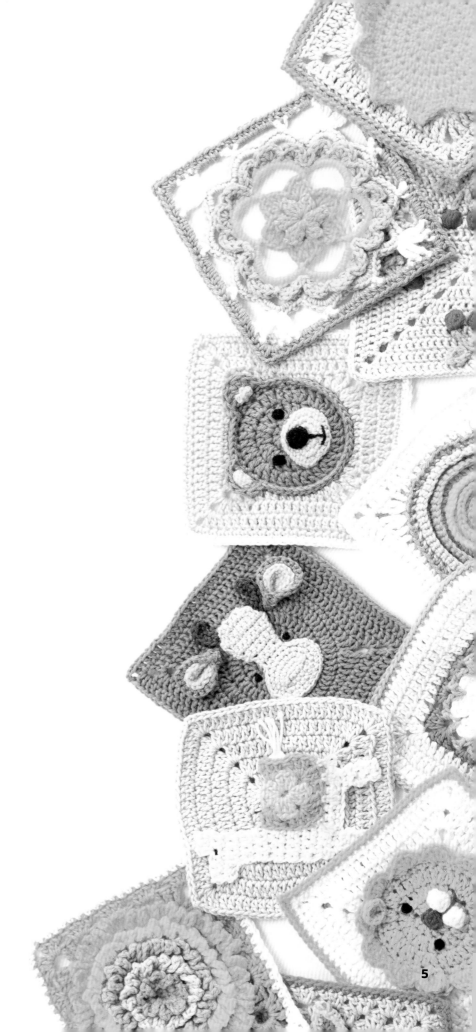

抽象图形

渐变方块 ……………103
泡泡 ……………104
钉子 ……………105
圆圈 ……………106
爆米花 ……………107
质感花纹 ……………108
纹理方块 ……………109

节日庆典

圣诞精灵 ……………110
生日蛋糕 ……………111
火鸡 ……………112
圣诞老人腰带 ……………113
驯鹿鲁道夫 ……………114
礼物盒子 ……………115
圣诞花环 ……………116
复活节彩蛋 ……………117
圣诞挂饰 ……………118
圣诞树 ……………119

钩织技法 ……………121

基础针法 ……………122
进阶针法 ……………124
收尾方法 ……………126
作者简介 ……………127

如何
使用本书

欢迎来到3D立体祖母方格的绚丽世界！凯蒂·摩尔、席琳·瑟曼和莎娜·摩尔为本书设计了100款祖母方格，每一款都包含一个栩栩如生的立体元素，使这些可爱的小方格花片更具触感。你可以混搭这些方格来制作精美的毛毯，或者尝试制作穿插于本书中的以方格为基础而制成的多款作品。在开始钩织前，请仔细阅读以下建议和信息。

阅读钩织方法与钩织图

本书包含100款祖母方格与10款实用物品。每款方格都配有一幅彩色钩织图，用于展示详细的钩织方法。图中的颜色对应所使用的线的颜色，线的编号也标示在旁边方便查阅（详见"关于线材"）。阅读钩织图请参考针法符号（详见"针法符号"）。

基本工具

制作祖母方格，你需要钩针和线（详见"关于线材"）。一些方格需要少量填充物，你还需要准备一根缝针来收尾或绣出细节。制作实用物品时，你可能需要更多工具，这些都会列举在钩织指导中。在开始钩织某一款方格或物品前，请仔细阅读钩织指导，查看组装细节及材料清单，保证物料准备充分。

关于钩针

本书使用公制单位来标记钩针尺寸。如果你的钩针是用英制或美制单位标记的，请参考以下对照表：

毫米 (mm)	英制尺寸	美制尺寸
2.75	11	2/C
3	11	
3.25	10	3/D
3.5	9	4/E
3.75		5/F
4	8	6/G

钩织术语

本书原版采用美式钩织术语编写而成。而英美两国在钩织术语的使用上略有不同，以下表格可供参考：

中文术语	美式术语	英式术语
短针	single crochet	double crochet
中长针	half double crochet	half treble crochet
长针	double crochet	treble crochet
长长针	treble crochet	double treble crochet
3卷长针	double treble crochet	triple treble crochet
4卷长针	triple treble crochet	quadruple treble crochet

关于线材

本书所有方格和作品均使用Paintbox品牌的粗棉线（Cotton DK）系列，该系列色彩选择丰富，每团约50g。你无须严格照搬每款设计的颜色来钩织，但倘若你想完全复制书中的设计，以下表格可帮助你选择正确的线：

编号	颜色	色号
1	纸白色	401
2	纯黑色	402
3	香槟白色	403
4	雾霾灰色	404
5	风暴灰色	405
6	岩灰色	406
7	花岗灰色	407
8	香草奶油色	408
9	浅焦糖色	409
10	软糖色	410
11	咖啡色	411
12	亮桃红色	412
13	番茄红色	413
14	玫瑰红色	414
15	酒红色	416
16	蜜瓜黄色	417
17	橘橙色	418
18	血橙色	420
19	香蕉奶油色	421
20	水仙黄色	422
21	毛茛黄色	423
22	芥末黄色	424
23	开心果绿色	425
24	薄荷绿色	426
25	石板绿色	427
26	墨绿色	428
27	青柠绿色	429
28	草绿色	430
29	长青绿色	431
30	海泡蓝色	432
31	水洗青色	433
32	海蓝色	434
33	翠鸟蓝色	435
34	鸭蛋蓝色	436
35	海豚蓝色	437
36	天蓝色	439
37	水手蓝色	440
38	灰玫瑰色	442
39	茶玫瑰色	443
40	树莓粉色	444
41	深紫色	445
42	丁香紫色	446
43	紫罗兰色	448
44	棉花糖粉色	450
45	泡泡糖粉色	451
46	唇膏粉色	452
47	芭蕾粉色	453
48	腮红粉色	454
49	桃粉橙色	455
50	复古粉色	456

针法符号

请参考以下针法符号来阅读钩织图：

符号	名称
◄	钩织起点 Starting point
⊙	绕线作环起针 Magic ring
○	锁针 Chain
•	引拔针 Slip stitch
+	短针 Single crochet
T	中长针 Half double crochet
↑	长针 Double crochet
‡	长长针 Treble crochet
	3卷长针 Double treble crochet
	4卷长针 Triple treble crochet
⌒	外侧半针（后半针） Back loop
⌣	内侧半针（前半针） Front loop
↻	后钩针 Back post
↺	前钩针 Front post
⚲	圈圈针 Loop stitch
	泡芙针 Puff stitch

符号	名称
⟩	钉针 Spike stitch
	锁针3针的狗牙针 Picot
⋀	短针2针并1针 sc2tog
⋏	短针3针并1针 sc3tog
	中长针5针并1针 hdc5tog
	长针4针并1针 dc4tog
	长针5针并1针 dc5tog
	4卷长针2针并1针 ttr2tog
	长针3针的泡芙针 3-dc-puff
	长针5针的泡芙针 5-dc-puff
	长针7针的泡芙针 7-dc-puff
	长针2针的爆米花针 2-dc-popcorn
	长针3针的爆米花针 3-dc-popcorn
	长针4针的爆米花针 4-dc-popcorn
	长针5针的爆米花针 5-dc-popcorn
	泡泡针 Bobble

词汇缩写

以下表格列出了本书所使用的的钩织方法及术语的中英文表达及英文缩写，可供对照参考：

中文	英文	英文缩写
锁针	chain	ch
整段锁针	chain space	ch-sp
引拔针	slip stitch	slst
短针	single crochet	sc
中长针	half double crochet	hdc
长针	double crochet	dc
长长针	treble crochet	tr
3卷长针	double treble crochet	dtr
4卷长针	triple treble crochet	ttr
短针2针并1针	single crochet 2 together	sc2tog
短针3针并1针	single crochet 3 together	sc3tog
中长针5针并1针	half double crochet 5 together	hdc5tog
长针4针并1针	double crochet 4 together	dc4tog
长针5针并1针	double crochet 5 together	dc5tog
4卷长针2针并1针	triple treble crochet 2 together	ttr2tog
内侧半针（前半针）	front loop/s	FL
仅内侧半针（仅前半针）	front loop/s only	FLO
引拔针的前钩针	front post slip stitch	fpslst
短针的前钩针	front post single crochet	fpsc
中长针的前钩针	front post half double crochet	fphdc
长针的前钩针	front post double crochet	fpdc
长长针的前钩针	front post treble crochet	fptr
3卷长针的前钩针	front post double treble crochet	fpdtr
4卷长针的前钩针	front post triple treble crochet	fpttr
外侧半针（后半针）	back loop/s	BL
仅外侧半针（仅后半针）	back loop/s only	BLO
引拔针的后钩针	back post slip stitch	bpslst
短针的后钩针	back post single crochet	bpsc
中长针的后钩针	back post half double crochet	bphdc
长针的后钩针	back post double crochet	bpdc
织片正面	right side	RS
织片反面	wrong side	WS
圈数	round(s)	Rnd(s)
针目	stitch(es)	st(s)
间隙	space(s)	sp
剩余	remaining	rem
重复	repeat	rep
大约	approximately	approx
跳过	skip	sk

THE SQUARES 祖母方格

食
物
饮
料

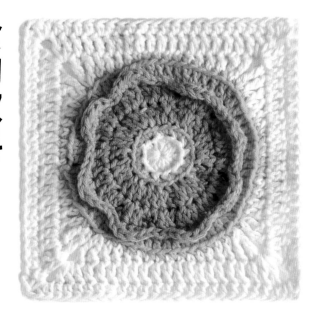

	1
	22
	45

甜甜圈

甜甜圈

钩针：4mm
1号线绕线作环起针。

第1圈： 3针锁针，在环内钩11针长针，在起始锁针第3针处引拔。【共12针长针】
1号线断线。

在第1圈任意针的外侧半针加入22号线，第2圈的钩织均在第1圈的外侧半针完成：

第2圈： 1针锁针，在上一圈的每针内钩2针短针，在起始针处引拔。【共24针短针】
22号线断线。

在第2圈任意针的外侧半针加入45号线，第3圈的钩织均在第2圈的外侧半针完成：

第3圈： 3针锁针，在同一针内再钩1针长针，1针长针，重复钩（长针1针放2针，1针长针）11次，在起始针处引拔。【共36针长针】

第4圈： 3针锁针，在同一针内再钩1针长针，后两针各钩1针长针，重复钩（长针1针放2针，后两针各钩1针长针）11次，在起始针处引拔。【共48针长针】

第5圈的钩织均在第4圈的内侧半针完成：

第5圈： *引拔3针，1针短针，中长针1针放2针，在下一针内钩（1针中长针，1针短针）**，重复*到**7次。【共24针中长针、16针短针、24针引拔针】
45号线断线。

方格

在甜甜圈第4圈任意针的外侧半针加入22号线，第6圈的钩织均在第4圈的外侧半针完成：

第6圈： 3针锁针，同一针内再钩1针长针，3针长针，重复钩（长针1针放2针，3针长针）11次，在起始针处引拔。【共60针长针】
22号线断线。

在第6圈任意针的外侧半针加入1号线，第7圈的钩织均在第6圈的外侧半针完成：

第7圈： 4针锁针，同一针内再钩1针长针，2针锁针，长长针1针放2针，2针长针，2针中长针，5针短针，2针中长针，2针长针，*长长针1针放2针，2针锁针，长长针1针放2针，2针长针，2针中长针，5针短针，2针中长针，2针长针**，重复*到**2次，在起始针处引拔。【共16针长长针、16针长针、16针中长针、20针短针、4段锁针】

第8圈： 引拔1针，挑起整段锁针引拔1针，3针锁针，在同一段锁针内钩（1针长针，2针锁针，长针1针放2针），17针长针，*挑起整段锁针钩（长针1针放2针，2针锁针，长针1针放2针），17针长针**，重复*到**2次，在起始锁针的第3针处引拔。【共84针长针、4段锁针】

第9圈： 引拔1针，在整段锁针内钩（引拔1针，2针锁针，1针中长针，2针锁针，2针中长针），21针中长针，*在整段锁针内钩（2针中长针，2针锁针，2针中长针），21针中长针**，重复*到**2次，引拔成环。【共100针中长针、4段锁针】
1号线断线。

收尾

用各种颜色的线绣上"小碎屑"。

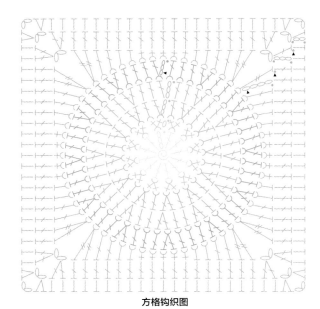

方格钩织图

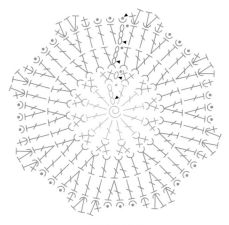

甜甜圈钩织图

咖啡杯

方格

钩针：4mm
5号线绕线作环起针。

第1圈： 3针锁针，在环内钩2针长针，2针锁针，重复（在环内钩3针长针，2针锁针）3次，在起始锁针第3针处引拔。【共12针长针、4段锁针】

第2圈： 3针锁针，*在下一段锁针前的每针内钩1针长针，在每段锁针内钩（2针长针，2针锁针，2针长针）**，重复*到**3次，在起始锁针第3针处引拔。【共28针长针、4段锁针】

第3-6圈： 3针锁针，*在下一段锁针前的每针内钩1针长针，在每段锁针内钩（2针长针，2针锁针，2针长针）**，重复*到**3次，在剩余的每针内钩1针长针，在起始锁针第3针处引拔。【共92针长针、4段锁针】
5号线断线。
在第6圈的任意针内加入45号线。

第7圈： 1针锁针，*在下一段锁针前的每针内钩1针短针，在每段锁针内钩（1针短针，1针锁针，1针短针）**，重复*到**3次，在剩余的每针内钩1针短针，在起始短针处引拔。【共100针短针、4针锁针】
45号线断线。

咖啡杯

31号线10针锁针起针。

第1行： 在起针锁针第2针内钩1针短针，在之后每针锁针内钩1针短针直到最后，1针锁针，翻面。【共9针短针】

第2行： 在第1针内钩3针短针，7针短针，在最后一针内钩3针短针，1针锁针，翻面。【共13针短针】

第3行： 在上一行每针内钩1针短针，1针锁针，翻面。【共13针短针】

第4-14行： 重复第3行，在最后一行完成后不要翻面，而是在边缘及底部钩1行短针。【"咖啡杯"两边各11针短针、底部10针短针】
31号线断线。
在第14行第1针处加入11号线。

第15行： 1针锁针，在上一行每针内钩1针短针直到最后，翻面。【共13针短针】

第16行： 1针锁针，在上一行每针内钩1针短针直到最后，翻面。【共13针短针】
11号线断线。
在第16行第1针处加入3号线。

第17行： 在上一行第1针内钩1针泡泡针，重复钩（1针短针，1针泡泡针）6次。【共7针泡泡针、6针短针】
3号线断线。

心形

45号线2针锁针起针。
在起针锁针第2针内钩（3针长针，3针短针，2针锁针，3针短针，3针长针），在环内引拔1针。【共6针长针、6针短针、2针锁针】
45号线断线。

收尾

将"心形"缝在"咖啡杯"上，然后整体缝到方格上。

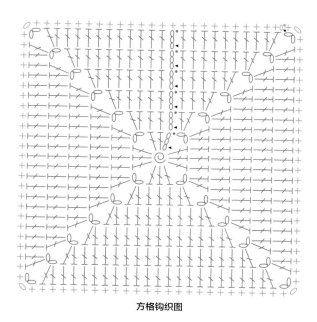

5	
45	
31	
11	
3	

方格钩织图

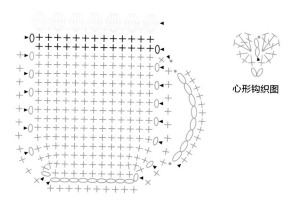

心形钩织图

咖啡杯钩织图

■	11
▨	45
░	44
▦	14

方格钩织图

樱桃和冰激凌裙边钩织图

冰激凌

方格

钩针：4mm

45号线绕线作环起针。

第1圈： 3针锁针，在环内钩11针长针，在起始锁针第3针处引拔。【共12针长针】

第2圈： 3针锁针，在同一针内再钩1针长针，在上一圈的每针内钩2针长针，在起始锁针第3针处引拔。【共24针长针】

第3圈： 3针锁针，在同一针内再钩1针长针，下一针钩1针长针，重复钩（长针1针放2针，1针长针）11次，在起始锁针第3针处引拔。【共36针长针】

45号线断线。

在第3圈任意针的外侧半针加入44号线。第4圈的钩织均在第3圈的外侧半针完成：

第4圈： 3针锁针，在同一针内再钩1针长针，2针锁针，长针1针放2针，2针中长针，3针短针，2针中长针，*长针1针放2针，2针锁针，长针1针放2针，2针中长针，3针短针，2针中长针**，重复*到**2次，在起始锁针第3针处引拔，下一针引拔1针，在角落整段锁针内引拔1针。【共44针、4段锁针】

第5圈： 在角落整段锁针内钩（3针锁针，1针长针，2针锁针，2针长针），*在下一段锁针前的每针内钩1针长针，在每段锁针内钩（2针长针，2针锁针，2针长针）**，重复*到**2次，在剩余的每针内钩1针长针，在起始锁针的第3针处引拔。【共60针长针、4段锁针】

第6-7圈： 重复第5圈。【共92针长针、4段锁针】

44号线断线。

在第7圈任意针内加入45号线。

第8圈： 1针锁针，*在下一段锁针前的每针内钩1针短针，在每段锁针内钩（1针短针，1针锁针，1针短针）**，重复*到**3次，在剩余的每针内钩1针短针，在起始针引拔1针。【共100针短针、4针锁针】

45号线断线。

冰激凌裙边

在方格第3圈对着左上角的位置往下数第8针的内侧半针加入45号线。

钩法： 1针短针，*跳过1针，长针1针放5针，跳过1针，1针短针**，重复*到**2次，在最后1针短针处引拔。【共15针长针、4针短针】

45号线断线。

蛋筒

11号线6针锁针起针。

第1行： 在起针锁针第3针处钩1针中长针，之后每针锁针内钩1针中长针，翻面。【共4针中长针】

第2行： 在第1针内钩中长针1针放2针，之后每针内钩1针中长针，翻面。【共5针中长针】

第3-6行： 重复第2行的钩织。【共9针中长针】

11号线断线。

樱桃

14号线绕线作环起针。

3针锁针，在环内钩11针长针，在起始锁针第3针处引拔。【共12针长针】

14号线断线。

收尾

如图所示将"樱桃"缝在"冰激凌"上，再将"蛋筒"缝在方格上，使"冰激凌裙边"覆盖住它。

蛋筒钩织图

曲奇饼干

曲奇饼干

钩针：4mm

9号线绕线作环起针。

第1圈：3针锁针，在环内钩11针长针，在起始锁针的第3针处引拔。【共12针长针】

第2圈：3针锁针，同一针内再钩1针长针，之后每针内都钩长针1针放2针，在起始锁针第3针处引拔。【共24针长针】

第3圈：3针锁针，同一针内再钩1针长针，重复钩（长针1针放2针，1针长针）11次，在起始锁针第3针处引拔。【共36针长针】

9号线断线。重复以上步骤再钩1片"曲奇饼干"。

在第1片"曲奇饼干"的正面，用11号线在任意位置钩10针长针3针的泡芙针。

将2片"曲奇饼干"反面相对对齐，用短针缝合起来。

方格

在"曲奇饼干"第3圈任意针内加入19号线。

第4圈：3针锁针，同一针内再钩1针长针，2针锁针，长针1针放2针，2针中长针，3针短针，2针中长针，*长针1针放2针，2针锁针，长针1针放2针，2针中长针，3针短针，2针中长针**，重复*到**2次，在起始锁针第3针处引拔，下一针引拔1针，在角落整段锁针内引拔1针。【共44针、4段锁针】

第5圈：在角落整段锁针内钩（3针锁针，1针长针，2针锁针，2针长针），*在下一段锁针前的每针内钩1针长针，在每段锁针内钩（2针长针，2针锁针，2针长针）**，重复*到**2次，在剩余的每针内钩1针长针，在起始锁针的第3针处引拔。【共60针长针、4段锁针】

第6-7圈：重复第5圈。【共92针长针、4段锁针】

19号线断线。

在第7圈任意针内加入9号线。

第8圈：1针锁针，*在下一段锁针前的每针内钩1针短针，在每段锁针内钩（1针短针，1针锁针，1针短针）**，重复*到**3次，在剩余的每针内钩1针短针，在起始处引拔。【共100针短针、4针锁针】

9号线断线。

19	
9	
11	

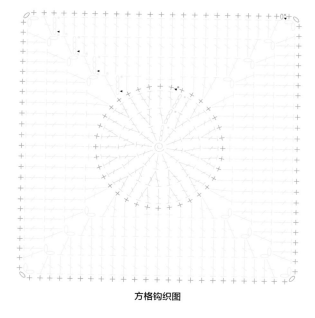

方格钩织图

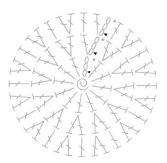

曲奇饼干钩织图

■	1
■	21
■	9
■	11

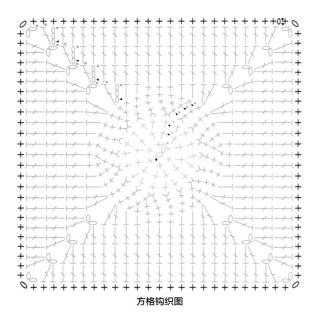

方格钩织图

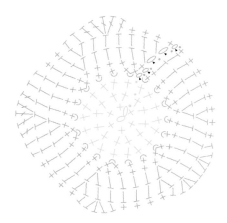

蛋白钩织图

煎蛋

方格

钩针：4mm
21号线2针锁针起针。
第1圈： 在起针锁针第2针处钩6针短针，在第1针短针处引拔。【共6针短针】
第2圈： 每针内钩2针短针，在第1针短针处引拔。【共12针短针】
第3圈： 重复钩（短针1针放2针，1针短针）6次，在第1针短针处引拔。【共18针短针】
21号线断线。
在第3圈任意针的外侧半针加入9号线。第4圈的钩织均在第3圈的外侧半针完成：
第4圈： 重复钩（短针1针放2针，2针短针）6次，在第1针短针处引拔。【共24针短针】
第5圈： 重复钩（短针1针放2针，3针短针）6次，在第1针短针处引拔。【共30针短针】
第6圈： 重复钩（短针1针放2针，4针短针）6次，在第1针短针处引拔。【共36针短针】
第7圈： 3针锁针，同一针内再钩1针长针，2针锁针，长针1针放2针，2针中长针，3针短针，2针中长针，*长针1针放2针，2针锁针，长针1针放2针，2针中长针，3针短针，2针中长针**，重复*到**2次，在起始锁针第3针处引拔，下一针引拔1针，在角落整段锁针内引拔1针。【共44针、4段锁针】
第8圈： 在角落整段锁针内钩（3针锁针，1针长针，2针锁针，2针长针），*在下一段锁针前的每针内钩1针长针，在每段锁针内钩（2针长针，2针锁针，2针长针）**，重复*到**2次，在剩余的每针内钩1针长针，在起始锁针的第3针处引拔。【共60针长针、4段锁针】
第9~10圈： 重复第8圈。【共92针长针、4段锁针】
9号线断线。
在第10圈任意针内加入11号线。
第11圈： 1针锁针，*在下一段锁针前的每针内钩1针短针，在每段锁针内钩（1针短针，1针锁针，1针短针）**，重复*到**3次，在剩余的每针内钩1针短针，在起始针处引拔。【共100针短针、4针锁针】
11号线断线。

蛋白

在方格第3圈任意针的内侧半针加入1号线。
第1圈： 1针锁针，重复钩（短针1针放2针，2针短针）6次，在第1针短针处引拔。【共24针短针】
第2圈： 1针锁针，重复钩（短针1针放2针，3针短针）6次，在第1针短针处引拔。【共30针短针】
第3圈： 1针锁针，同一针内再钩1针中长针，重复钩（4针中长针，中长针1针放2针）5次，4针中长针，在第1针锁针处引拔1针。【共36针中长针】
第4圈： 1针锁针，在同一针内再钩1针中长针，重复钩（5针中长针，中长针1针放2针）5次，5针中长针，在第1针锁针处引拔1针。【共42针中长针】
第5圈： 1针锁针，4针短针，1针长针，长针1针放3针，1针长针，2针中长针，2针短针，2针中长针，1针长针，长针1针放3针，1针长针，2针中长针，4针短针，1针中长针，中长针1针放3针，1针中长针，4针短针，1针中长针，中长针1针放3针，1针中长针，4针短针，1针中长针，中长针1针放3针，1针中长针，8针短针，在第1针短针处引拔。【共10针长针、20针中长针、22针短针】
1号线断线。

煎蛋隔热垫

上层方格

按照上页"煎蛋"方格的步骤钩织1片完整的方格，省略方格的第11行。

下层方格

钩针：4mm
9号线绕线作环起针。

第1圈： 3针锁针，在环内钩2针长针，2针锁针，*在环内钩3针长针，2针锁针**，重复*到**2次，在起始锁针第3针处引拔。【共12针长针、4段锁针】

第2圈： 3针锁针，*在下一段锁针前的每针内钩1针长针，在每段锁针内钩（2针长针，2针锁针，2针长针）**，重复钩织*到**3次，在起始锁针第3针处引拔。【共28针长针、4段锁针】

第3~6圈： 3针锁针，*在下一段锁针前的每针内钩1针长针，在每段锁针内钩（2针长针，2针锁针，2针长针）**，重复*到**3次，在剩余每针内钩1针长针，在起始锁针第3针处引拔。【共92针长针、4段锁针】
9号线断线。

收尾

将2片方格反面相对对齐，在最后一圈与任意一段锁针距离5针处加入11号线。

在每针短针内钩1针短针，在每段锁针内钩（1针短针，1针锁针，1针短针）来缝合2片方格。在完全缝合前，钩20针锁针（织成一个挂环），最后引拔1针将挂环与2片方格完全缝合。

11号线断线。

冰棒

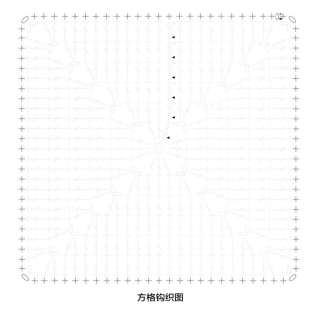

方格钩织图

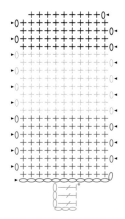

冰棒和木棍钩织图

冰棒

钩针：4mm

14号线12针锁针起针。

第1行：在起针锁针第2针处钩1针短针，之后每针锁针内钩1针短针，翻面。【共11针短针】

第2行：1针锁针，之后每针内钩1针短针，翻面。【共11针短针】

第3-8行：重复第2行。【共11针短针】

14号线断线。

在第8行最后一针加入1号线。

第9-16行：重复第2行。【共11针短针】

1号线断线。

在第16行最后一针加入11号线。

第17-20行：重复第2行。【共11针短针】

第21行：1针锁针，跳过第1针，除最后一针的每针内钩1针短针，跳过最后一针。【共9针短针】

11号线断线。

用各种颜色的线在17-21行绣上"小碎屑"。

木棍

在冰棒第1行第5针处加入9号线。

6针锁针，在锁针第4针处钩1针长针，2针长针，在"冰棒"第1行第8针处引拔。【共4针长针】

9号线断线。

方格

19号线绕线作环起针。

第1圈：3针锁针，在环内钩2针长针，2针锁针，重复（在环内钩3针长针，2针锁针）3次，在起始锁针第3针处引拔。【共12针长针、4段锁针】

第2圈：3针锁针，*在下一段锁针前的每针内钩1针长针，在每段锁针内钩（2针长针，2针锁针，2针长针）**，重复*到**3次，在起始锁针第3针处引拔。【共28针长针、4段锁针】

第3圈：重复第2圈。【共44针长针、4段锁针】

按照以下步骤将冰棒底部钩在方格上：

第4圈：3针锁针，*在下一段锁针前的每针内钩1针长针，在每段锁针内钩（2针长针，2针锁针，2针长针）**，重复*到**2次，重复将"冰棒"底部边缘与方格上对应针目合并钩1针长针11次，在最后1段锁针内钩（2针长针，2针锁针，2针长针），在剩余的每针内钩1针长针，在起始锁针第3针处引拔。【共60针长针、4段锁针】

第5圈：3针锁针，*在下一段锁针前的每针内钩1针长针，在每段锁针内钩（2针长针，2针锁针，2针长针）**，重复*到**3次，在剩余的每针内钩1针长针，在起始锁针第3针处引拔。【共76针长针、4段锁针】

第6圈：重复第5圈。【共92针长针、4段锁针】

19号线断线。

在第6圈任意针内加入45号线。

第7圈：1针锁针，*在下一段锁针前的每针内钩1针短针，在每段锁针内钩（1针短针，1针锁针，1针短针）**，重复*到**3次，在剩余的每针内钩1针短针。【共100针短针、4针锁针】

45号线断线。

将"冰棒"上部缝在方格上。

格子派

派饼

钩针：2.75mm
15号绕线作环起针。

第1圈： 在环内钩6针短针，引拔成环。【共6针短针】

第2圈： 3针锁针，后5针每针内钩3针长针，长针1针放2针，引拔成环。【共18针长针】

第3圈： 3针锁针，1针长针，重复钩（1针长针，长针1针放2针）8次，引拔成环。【共26针长针】

第4圈： 3针锁针，重复钩（长针1针放2针，长针1针放2针，1长针）8次，长针1针放3针，引拔成环。【共44针长针】

第5圈： 2针锁针，重复（后2针钩中长针1针放2针，2针中长针）10次，3针中长针，隐形收针。【共64针中长针】

15号线断线。
在第5圈任意针内加入9号线，钩1针短针的立针。

第6圈： 每针内钩1针短针，引拔成环。【共64针短针】

第7圈的钩织均在第6圈的内侧半针完成：

第7圈： 1针锁针，跳过1针，长针1针放5针，跳过1针，重复钩（1针短针，跳过1针，长针1针放5针，跳过1针）15次，引拔成环。【共96针、16朵扇形边】

9号线断线。

方格

在"派饼"第6圈任意针的外侧半针加入1号线，钩1针长长针长度的立针。

第8圈： 同一针内再钩（2针锁针，1针长长针），*1针长长针，2针长针，2针中长针，5针短针，2针中长针，2针长针，1针长长针，在同一针内钩（1针长长针，2针锁针，1针长长针）**，重复*到**3次，在最后一次重复时省略（1针长长针，2针锁针，1针长长针），引拔成环。【共68针、4段锁针】

第9圈： 挑取整段锁针引拔1针，3针锁针，在整段锁针内钩（1针长针，2针锁针，2针长针），*17针长针，在整段锁针内钩（2针长针，2针锁针，2针长针）**，重复*到**3次，在最后一次重复时省略（2针长针，2针锁针，2针长针），引拔成环。【共84针长针、4段锁针】

第10圈： 3针锁针，1针长针，*在整段锁针内钩（2针长针，3针锁针，2针长针），21针长针**，重复*到**3次，在最后一次重复时省略最后2针长针，引拔成环。【共100针、4段锁针】

第11圈： 3针锁针，3针长针，*在整段锁针内钩（2针长针，3针锁针，2针长针），25针长针**，重复*到**3次，在最后一次重复时省略最后4针长针，引拔成环。【共116针、4段锁针】

1号线断线。

格子花纹

9号线20针锁针起针。
在起针锁针第3针处钩1针中长针，之后每针内钩1针中长针。【共18针中长针】

9号线断线。重复以上步骤共钩织6条"格子花纹"。

将3条"格子花纹"平行排列在"派饼"表面，缝上任意一端。

将剩余3条"格子花纹"垂直于前3条排列，并缝上任意一端。

将所有"格子花纹"交叉后将另一端缝在"派饼"上。

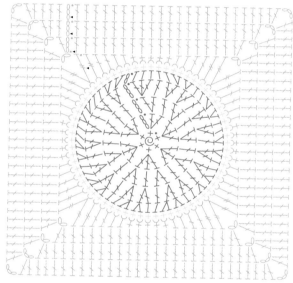

方格钩织图

派饼钩织图

格子花纹钩织图

华夫饼

方格

钩针：2.75mm
9号线20针锁针起针。

第1行： 在起针锁针第3针处钩1针长针，之后的每针内钩1针长针。【共19针】

第2行： 2针锁针，翻面，1针长针，重复钩（1针长针的前钩针，2针长针）5次，1针长针的前钩针，1针长针。【共19针】

第3行： 2针锁针，翻面，1针长针，重复钩（1针长针，2针长针的前钩针）5次，2针长针。【共19针】

第4-9行： 重复第2-3行。【共19针】

第10行： 重复第2行。【共19针】

第11行： 2针锁针，翻面，剩余每针内钩1针长针。【共19针】
9号线断线，并在第11行的第1与第2针之间重新加入9号线，钩1针短针的立针。

第12圈： 在每两针之间钩1针短针，重复17次【共18针短针】，2针锁针，将织片旋转90°，在最顶行侧面钩1针短针，后沿着每行侧面均匀钩17针短针【共18针短针】，2针锁针，旋转90°，在底部每两针锁针之间钩1针短针【共18针短针】，2针锁针，旋转90°，在最底行侧面钩1针短针，后沿着每行侧面均匀钩17针短针【共18针短针】。【共72针短针，4段锁针】
9号线断线。
在第12圈任意段锁针内加入30号线。第13圈（除角落部分外）均在第12圈的外侧半针完成：

第13圈： 5针锁针，在整段锁针内钩1针长针，18针长针，*在角落整段锁针内钩（1针长针，2针锁针，1针长针），18针长针**，重复*到**2次，在起始锁针第3针处引拔。【共80针长针、4段锁针】

第14圈： 3针锁针，*在整段锁针内钩（2针长针，2针锁针，2针长针），20针长针**，重复*到**3次，最后一次重复时省略最后1针长针，引拔成环。【共96针长针、4段锁针】

第15圈： 3针锁针，2针长针，*在整段锁针内钩（2针长针，3针锁针，2针长针），24针长针**，重复*到**3次，最后一次重复时省略最后3针，引拔成环。【共112针长针、4段锁针】
30号线断线。

奶油泡

1号线11针锁针起针。

第1行： 在起针锁针第2针内钩1针短针，之后每针内钩1针短针。【共10针短针】
第2行均在第1行的外侧半针完成：

第2行： 1针锁针，翻面，短针1针放2针，7针短针，短针2针并1针。【共10针短针】

第3行： 1针锁针，翻面，短针2针并1针，7针短针，短针1针放2针。【共10针短针】
重复第2-3行，直到织片宽度达到约7cm。
1号线断线。
将织片卷起两头对齐形成管状，并以卷针钉缝。将两端线头藏进织片中。轻轻压扁管状织片形成"奶油泡"。

草莓

46号线绕线作环起针。

第1圈： 在环内钩3针短针。【共3针短针】

第2圈： 每针内钩2针短针。【共6针短针】

第3圈： 每针内钩1针短针。【共6针短针】

第4圈： 重复钩（短针1针放2针，2针短针）2次。【共8针短针】

第5圈： 每针内钩1针短针，引拔1针成环。【共8针短针】
46号线断线。利用剩余线头将"草莓"收紧。

草莓叶子

25号线绕线作环起针。

钩法： 重复钩（4针锁针，在环内引拔）3次，将环收紧。【共3片"叶子"】
25号线断线。利用剩余线头将"草莓叶子"缝到"草莓"顶部。

收尾

如图，将"草莓"缝在"奶油泡"上，再整体缝在方格上。

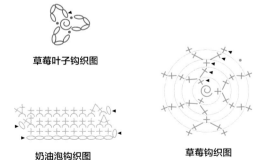

方格钩织图

草莓叶子钩织图

奶油泡钩织图

草莓钩织图

	9
	30
	1
	46
	25

杯子蛋糕

杯子蛋糕

钩针：2.75mm
44号线绕线作环起针。
第1圈：在环内钩6针短针，引拔成环。【共6针短针】
第2圈：3针锁针，后5针每针内钩3针，最后一针内钩2针长针，引拔成环。【共18针长针】
第3圈：3针锁针，1针长针，重复钩（1针长针，长针1针放2针）8次，引拔成环。【共26针长针】
第4圈：3针锁针，重复钩（长针1针放2针，长针1针放2针，1针长针）8次，3针长针，引拔成环。【共44针长针】
第5圈：将圆形织片对折，以短针缝合成半圆形。【共22针短针】
44号线断线。
在半圆表面用各种颜色的线卷针缝上"小碎屑"。

蛋糕裙边

在半圆形"蛋糕"的底边一端加入44号线。
以下"裙边"均在半圆的底边钩织：
第1朵"裙边"：2针锁针，在"蛋糕"第4圈的外缘钩5针长针，在第3圈的外缘引拔。【共2针锁针、5针长针、1针引拔针】
第2朵"裙边"：在"蛋糕"第2圈的外缘钩6针长针，在第1圈的外缘引拔。【共7针】
第3朵"裙边"：在"蛋糕"第1圈的外缘钩6针长针，在第2圈的外缘引拔。【共7针】
第4朵"裙边"：在"蛋糕"第3圈的外缘钩6针长针，在第4圈的外缘引拔。【共7针】
44号线断线。

蛋糕托

42号线9针锁针起针。
第1行：在起针锁针第2针处钩1针短针，剩余每针内钩1针短针。【共8针短针】
以下每行的钩织均在上一行的外侧半针钩织：
第2行：1针锁针，翻面，1针引拔针，4针短针，2针中长针，1针长针。【共8针】
第3行：1针锁针，翻面，8针短针。【共8针】
第4-9行：重复第2-3行。【共8针】
第10行：重复第2行。【共8针】
42号线断线。如图，利用剩余线头将"蛋糕托"与"蛋糕"缝合。

樱桃

45号线绕线作环起针。
此圈：在环内钩8针短针，在第1针短针处引拔。【共8针短针】
45号线断线。利用剩余线头将"樱桃"缝在"蛋糕"顶部。

方格

将"杯子蛋糕"正面朝上，在第5圈的右侧外缘加入31号线，在外侧半针钩1针长针的立针。
第1圈均在外侧半针钩织：
第1圈：重复钩（长针1针放2针，1针长针）10次，在"杯子蛋糕"的另一端1针长针，沿着"蛋糕托"左侧边缘的每针内钩1针长针（最后1针长针在引拔针内钩织），在"蛋糕托"底部锁针内钩（长针1针放4针，长针1针放2针）2次，长针1针放4针，在"蛋糕托"右侧边缘的每针锁针内钩1针长针，引拔成环。【共64针长针】
31号线断线。在第1圈"蛋糕托"左侧最后1针长针内重新加入31号线，钩1针长长针的立针。
第2圈：同一针内再钩（2针锁针，1针长长针），*1针长针，2针长针，2针中长针，5针短针，2针中长针，2针长针，2针长针，1针长长针，在同一针内钩（1针长长针，2针锁针，1针长长针）**，重复*到**3次，最后一次重复时省略（1针长长针，2针锁针，1针长长针），引拔成环。【共68针、4段锁针】
第3圈：在第一段锁针内引拔，钩3针锁针，再钩（1针长针，2针锁针，2针长针），*17针长针，在整段锁针内钩（2针长针，2针锁针，2针长针）**，重复*到**3次，最后一次重复时省略（2针长针，2针锁针，2针长针），引拔成环。【共84针长针、4段锁针】
第4圈：3针锁针，1针长针，*在整段锁针内钩（2针长针，3针锁针，2针长针），21针长针**，重复*到**3次，最后一次重复时省略最后2针长针，引拔成环。【共100针长针、4段锁针】
第5圈：3针锁针，3针长针，*在整段锁针内钩（2针长针，3针锁针，2针长针），25针长针**，重复*到**3次，最后一次重复时省略最后4针长针，引拔成环。【共116针长针、4段锁针】
31号线断线。

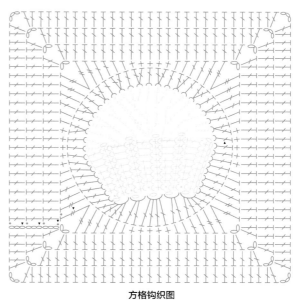

方格钩织图

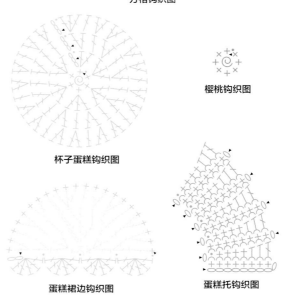

杯子蛋糕钩织图

樱桃钩织图

蛋糕裙边钩织图

蛋糕托钩织图

44	
31	
45	
42	

茶壶

方格

钩针：2.75mm

30号线绕线作环起针。

第1圈： 在环内钩6针短针，引拔成环。【共6针短针】

第2圈： 3针锁针，5针长针1针放3针，长针1针放2针，引拔成环。【共18针长针】

第3圈： 3针锁针，1针长针，重复钩（1针长针，长针1针放2针）8次，引拔成环。【共26针长针】

第4圈： 3针锁针，重复钩（2针长针，1针放2针，1针长针）8次，长针1针放3针，引拔成环。【共44针长针】

第5圈： 3针锁针，重复钩（2针长针，1针放2针，2针长针）10次，3针锁针，引拔成环。【共64针长针】

30号线断线。

在第5圈任意针内加入1号线，钩1针长长针的立针。

第6圈： 同一针内再钩（2针锁针，1针长长针），*1针长长针，2针长针，2针中长针，5针短针，2针中长针，2针长针，1针长长针，在同一针内钩（1针长长针，2针锁针，1针长长针）**，重复*到**3次，最后一次重复时省略（1针长长针，2针锁针，1针长长针），引拔成环。【共68针、4段锁针】

第7圈： 在同一段锁针内钩（1针引拔针，3针锁针，1针长针，2针锁针，2针长针），*17针长针，在整段锁针内钩（2针长针，2针锁针，2针长针）**，重复*到**3次，最后一次重复时省略（2针长针，2针锁针，2针长针），引拔成环。【共84针长针、4段锁针】

第8圈： 3针锁针，1针长针，*在整段锁针内钩（2针长针，3针锁针，2针长针），21针长针**，重复*到**3次，最后一次重复时省略最后2针长针，引拔成环。【共100针长针、4段锁针】

第9圈： 3针锁针，3针长针，*在整段锁针内钩（2针长针，3针锁针，2针长针），25针长针**，重复*到**3次，最后一次重复时省略最后4针长针，引拔成环。【共116针长针、4段锁针】

1号线断线。

茶壶

30号线绕线作环起针。

第1圈： 在环内钩6针短针，引拔成环。【共6针短针】

第2圈： 1针锁针，在每针内钩2针短针，引拔成环。【共12针短针】

第3圈： 1针锁针，重复钩（1针短针，短针1针放2针）直到最后，引拔成环。【共18针短针】

第4圈： 1针锁针，重复钩（短针1针放2针，2针短针）直到最后，引拔成环。【共24针短针】

第5圈： 1针锁针，重复钩（3针短针，短针1针放2针）直到最后，引拔成环。【共30针短针】

第6圈： 1针锁针，重复钩（短针1针放2针，4针短针）直到最后，引拔成环。【共36针短针】

第7圈： 1针锁针，重复钩（5针短针，短针1针放2针）直到最后，引拔成环。【共42针短针】

第8圈： 1针锁针，重复钩（短针1针放2针，6针短针）直到最后，引拔成环。【共48针短针】

第9~12圈： 1针锁针，在每针内钩1针短针。【共48针短针】

30号线断线。

用各种颜色的线在"茶壶"侧边绣上"花朵"和"叶片"。在"花朵"周围及"茶壶"顶部加一些法式结。

壶嘴

30号线绕线作环起针。

第1圈： 在环内钩6针短针，引拔成环。【共6针短针】

第2圈的钩织均在第1圈的外侧半针完成：

第2圈： 1针锁针，每针内钩1针短针。【共6针短针】

第3圈： 1针锁针，每针内钩1针短针。【共6针短针】

第4圈： 1针锁针，后2针每针内钩2针短针，重复钩（短针2针并1针）2次。【共6针短针】

第5圈： 1针锁针，每针内钩1针短针。【共6针短针】

第6圈： 1针锁针，后3针每针内钩2针短针，3针短针。【共9针短针】

第7圈： 1针锁针，每针内钩1针短针。【共9针短针】

第8圈： 1针锁针，3针短针，重复钩（短针2针并1针）2次，后2针每针内钩2针短针。【共9针短针】

第9圈： 1针锁针，每针内钩1针短针。【共9针短针】

第10圈： 1针锁针，3针短针，后3针每针内钩2针中长针，3针短针。【共12针】

30号线断线。

壶盖

30号线绕线作环起针。

第1圈： 在环内钩5针短针，将环拉紧。【共5针短针】

第2圈： 每针内钩2针短针。【共10针短针】

第3圈： 每针内钩1针短针。【共10针短针】

第4圈： 重复钩（短针2针并1针）5次。【共5针短针】

塞入少许填充物。30号线断线。

壶柄

30号线15针锁针起针。

钩法： 在起针锁针第2针处钩1针中长针，1针中长针，5针短针，在剩余每针内钩1针引拔针直到最后。【共14针】

30号线断线。

收尾

将"茶壶"的外侧半针与方格第5圈的外缘卷针缝合，在完全缝合前塞入填充物，然后缝合。

将"壶嘴"与"壶盖"缝在"茶壶"上。将"壶柄"的下端缝在"茶壶"上，将上端稍稍卷曲，使其朝下，然后缝合。

方格钩织图

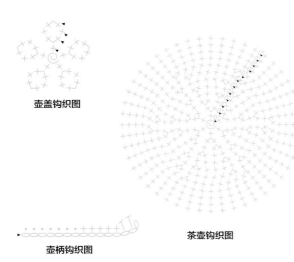

壶盖钩织图

壶柄钩织图

茶壶钩织图

茶壶针插

方格

使用8号线，按照上页"茶壶"方格的钩织方法钩第1-5圈。

8号线断线，并在第5圈任意针内重新加入8号线，钩1针长长针的立针。

按照上页"茶壶"方格的钩织方法钩第6圈。

第7圈： 在同一段锁针内钩（1针引拔针，钩1针锁针，1针短针，2针锁针，2针短针），*17针短针，在整段锁针内钩（2针短针，2针锁针，2针短针）**，重复*到**3次，最后一次重复时省略（2针短针，2针锁针，2针短针），引拔成环。

【共84针短针、4段锁针】

8号线断线，并在第7圈任意段锁针内重新加入8号线，钩1针长针的立针。

第8圈： 在同一段锁针内钩（1针长针，1针狗牙针，2针长针），重复【2针引拔针，同一针内钩（1针中长针，1针长针，1针中长针）】6次，3针引拔针，*整段锁针内钩（2针长针，1针狗牙针，2针长针），重复【2针引拔针，后同一针内钩（1针中长针，1针长针，1针中长针）】6次，3针引拔针**，重复*到**2次，引拔成环。

【共88针、4针狗牙针】

8号线断线。

茶壶

使用3号线，按照上页"茶壶"的钩织方法钩织一套完整的"茶壶""壶嘴""壶盖"和"壶柄"。

收尾

按照上页"茶壶"的收尾方法，将所有零件缝合。

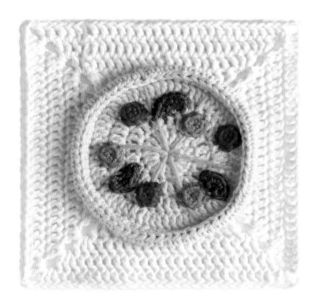

比萨

比萨

钩针2.75mm
20号线绕线作环起针。
第1圈：在环内钩6针短针，引拔成环。【6针短针】
第2圈：3针锁针，后5针每针内钩长针1针放3针，长针1针放2针，引拔成环。【共18针长针】
第3圈：3针锁针，1针长针，重复钩（1针长针，长针1针放2针）8次，引拔成环。【共26针长针】
第4圈：3针锁针，重复钩（2针长针1针放2针，1针长针）8次，长针1针放3针，引拔成环。【共44针长针】
第5圈：3针锁针，重复钩（2针长针1针放2针，2针长针）10次，3针长针，引拔成环。【共64针长针】
20号线断线。在第5圈任意针内加入9号线，钩1针中长针的立针。
第6圈的钩织均在第5圈的内侧半针完成：
第6圈：每针内钩1针中长针，引拔成环。【共64针中长针】
第7圈：2针锁针，每针内钩1针中长针。【共64针中长针】
9号线断线。

方格

在"比萨"第5圈任意针的外侧半针加入1号线，钩1针长长针的立针。第8圈的钩织均在第5圈的外侧半针完成：
第8圈：同一针内再钩（2针锁针，1针长长针），*1针长长针，2针长针，2针中长针，5针短针，2针中长针，2针长针，1针长长针，在同一针内钩（1针长长针，2针锁针，1针长长针）**，重复钩织*到**3次，最后一次重复时省略（1针长长针，2针锁针，1针长长针），引拔成环【共68针、4段锁针】
第9圈：在同一段锁针内钩（1

针引拔针，3针锁针，1针长针，2针锁针，2针长针），*17针长针，在整段锁针内钩（2针长针，2针锁针，2针长针）**，重复钩织*到**3次，最后一次重复时省略（2针长针，2针锁针，2针长针），引拔成环。【共84针长针、4段锁针】
第10圈：3针锁针，1针长针，*在整段锁针内钩（2针长针，3针锁针，2针长针），21针长针**，重复*到**3次，最后一次重复时省略最后2针长针，引拔成环。【共100针长针、4段锁针】
第11圈：3针锁针，3针长针，*在整段锁针内钩（2针长针，3针锁针，2针长针）25针长针**，重复*到**3次，最后一次重复时省略最后4针长针。【共116针长针、4段锁针】
1号线断线。
将"比萨边"（"比萨"的第6～7圈）向中心卷起，利用剩余线头，卷针缝合在"比萨"的第5圈外缘。
使用22号线，从"比萨"第5圈的外缘缝6条线至中心，将"比萨"分成6片。

番茄

13号线绕线作环起针。
钩法：在环内钩6针短针，引拔成环。【共6针短针】
13号线断线。
重复以上步骤，使用13号线钩织3片"番茄"，再使用15号线钩织3片"番茄"。将它们如图所示缝在"比萨"上。

青椒

29号线4针锁针起针。
钩法：跳过第1针，剩余每针内钩2针短针。【共6针短针】
29号线断线。
重复以上步骤钩织3片"青椒"，并缝在"比萨"上。

20	
22	
1	
9	
13	
15	
29	

方格钩织图

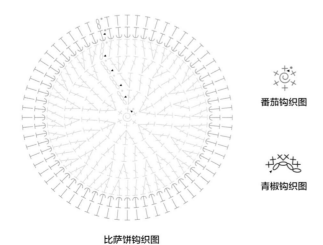

番茄钩织图

青椒钩织图

比萨饼钩织图

糖果

方格

钩针：2.75mm
42号线2针锁针起针。

第1圈：在起针锁针第2针处钩（1针短针，1针中长针，1针长针），将线圈拉松，抽出钩针。在起针锁针第2针处加入31号线，钩1针短针的立针，同一针内再钩（1针中长针，1针长针），将线圈拉松，抽出钩针。

第2圈：呈螺旋状钩织，将钩针插入42号线的线圈并拉紧，在后3针每针内钩2针长针，将线圈拉松，抽出钩针。再插入31号线的线圈，后8针每针内钩2针长针，将线圈拉松，抽出钩针。

第3圈：将钩针插入42号线的线圈，后5针每针内钩2针长针，将线圈拉松，抽出钩针。再插入31号线的线圈，后15针每针内钩2针长针，将线圈拉松，抽出钩针。

第4圈：将钩针插入42号线的线圈，重复钩（1针长针，长针1针放2针）12次，3针中长针，2针短针，1针引拔针，将线圈拉松，抽出钩针。再插入31号线的线圈，钩11针长针，3针中长针，2针短针，1针引拔针。【共44针】
42号线和31号线断线。
在第4圈任意针的外侧半针加入1号线，钩1针长针的立针。第5圈的钩织均在第4圈的外侧半针完成：

第5圈：重复（2针长针，2针长针1针放2针）10次，3针长针，引拔成环。【共64针长针】

第6圈：6针锁针，同一针内再钩1针长长针，*1针长长针，2针长针，2针中长针，5针短针，2针中长针，2针长针，1针长长针，同一针内钩（1针长长针，2针锁针，1针长长针）**，重复*到**3次，最后一次重复时省略（1针长长针，2针锁针，1针长长针），引拔成环。【共68针、4段锁针】

第7圈：在整段锁针内钩（1针引拔针，3针锁针，1针长针，2针锁针，2针长针），*17针长针，在整段锁针内钩（2针长针，2针锁针，2针长针）**，重复钩织*到**3次，最后一次重复时省略（2针锁针，2针长针），引拔成环。【共84针、4段锁针】

第8圈：3针锁针，1针长针，*在整段锁针内钩（2针长针，3针锁针，2针长针），21针长针**，重复钩织*到**3次，最后一次重复时省略最后2针长针，引拔成环。【共100针长针、4段锁针】

第9圈：3针锁针，3针长针，*在整段锁针内钩（2针长针，3针锁针，2针长针）25针长针**，重复钩织*到**3次，最后一次重复时省略最后4针长针，引拔成环。【共116针长针、4段锁针】
1号线断线。

糖纸

以方格一条对角线为中心线，在第4圈中心线往右数第4针长针处加入38号线，钩1针短针的立针。

第1行：钩7针短针。【共8针短针】

第2行：8针锁针，在锁针第2针处钩1针短针，剩余每针内钩1针短针，在第1行对应短针处引拔。【共7针短针】
以下每行的钩织均在上一行的外侧半针完成：

第3行：1针锁针，跳过1针，5针短针，2针中长针。【共7针】

第4行：1针锁针，翻面，7针短针，在第1行对应短针处引拔。【共7针】
重复第3、4行，直到第1行每针短针都被引拔。
38号线断线。
在对角线另一边重复以上钩织步骤。

方格钩织图

1	
42	
31	
38	

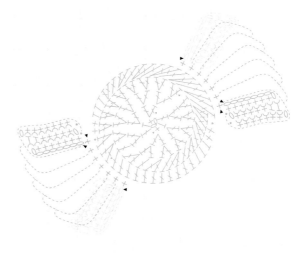

糖纸钩织图

水果蔬菜

西瓜

西瓜

钩针：4mm

46号线绕线作环线起针。

第1圈：3针锁针，在环内钩11针长针，在起始锁针第3针处引拔。【共12针长针】

第2圈：3针锁针，同一针内再钩1针长针，剩余每针内钩长针1针放2针，在起始锁针第3针处引拔。【共24针长针】

第3圈：3针锁针，同一针内钩1针长针，1针长针，重复钩（长针1针放2针，1针长针）11次，在起始锁针第3针处引拔。【共36针长针】

46号线断线。

在第3圈任意针内加入1号线。

第4圈的钩织均在第3圈的外侧半针完成：

第4圈：1针锁针，同一针内再钩1针短针，剩余每针内钩1针短针，在第1针短针处引拔。【共36针短针】

1号线断线。

在第4圈任意针的内侧半针加入27号线。

第5圈：1针锁针，同一针内再钩1针短针，3针短针，重复钩（短针1针放2针，3针短针）8次。【共44针短针】

27号线断线。

用2号线在第2圈任意位置缝上6条"西瓜籽"。

方格

在第4圈任意针内加入25号线。

第5圈：3针锁针，同一针内再钩1针长针，2针锁针，长针1针放2针，2针中长针，3针短针，2针中长针，*长针1针放2针，2针锁针，长针1针放2针，2针中长针，3针短针，2针中长针**，重复*到**2次，在起始锁针第3针处引拔，下一针再引拔1针，在整段锁针内再引拔1针。【共44针、4段锁针】

25号线断线。

在第5圈任意段锁针内加入24号线。

第6圈：在整段锁针内钩（3针锁针，1针长针，2针锁针，长针1针放2针），在下一段锁针前的每针内钩1针长针，*在整段锁针内钩（长针1针放2针，2针锁针，长针1针放2针），在下一段锁针前的每针内钩1针长针**，重复*到**直到这一圈结束，在起始锁针第3针处引拔。【共60针长针、4段锁针】

第7~8圈：重复第6圈的钩织。【共92针长针、4段锁针】

24号线断线。

46	
27	
25	
24	
1	
2	

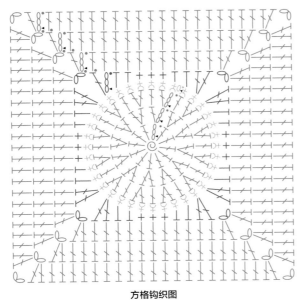

方格钩织图

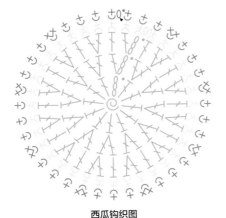

西瓜钩织图

24

牛油果

牛油果核

钩针：4mm

11号线4针锁针起针，在第1针处引拔成环。

第1圈：在环内钩8针中长针，在第1针处引拔。在环内继续钩8针长针，覆盖在8针中长针之上。【共8针中长针、8针长针】

方格

在"牛油果核"上加入11号线。

第2圈：在"牛油果核"的环内再钩18针长针，覆盖在第1圈的8针中长针和8针长针之上，在第长针处引拔。【共18针长针】11号线断线。

在第2圈任意针内加入27号线。

第3圈：3针锁针，同一针内再钩1针长针，后2针每针内钩2针中长针，12针短针，后2针每针内钩2针中长针，2针长针，引拔成环。【共4针长针、8针中长针、12针短针】

第4圈：4针锁针，同一针内再钩1针长长针，长针1针放2针，1针长针，2针中长针，4针短针，重复钩（短针1针放2针，4针短针）2次，2针中长针，1针长针，长针1针放2针，长长针1针放2针，引拔成环。【共4针长长针、6针长针、4针中长针、16针短针】

27号线断线。在第4圈第1针处加入24号线。

第5圈：1针锁针，在第1针内钩短针1针放2针，4针短针，短针1针放2针，2针短针，短针1针放2针，8针短针，重复钩（短针1针放2针，4针短针）2次，短针1针放2针，2针短针。【共36针短针】

24号线断线。

在第5圈第9针处加入43号线。

第6圈：3针锁针，同一针内再钩1针长针，2针锁针，长针1针放2针，2针中长针，3针短针，2针中长针，长针1针放2针，2针锁针，下一针内钩（1针长针，1针中长针），5针短针，1针中长针，1针长针，长长针1针放2针，2针锁针，长长针1针放2针，1针长针，1针中长针，5针短针，长针1针放2针，2针锁针，长针1针放2针，1针中长针，4针短针，1针中长针，1针长针。【共44针】

43号线断线。在任意段锁针处重新加入43号线。

第7圈：在整段锁针内钩（3针锁针，1针长针，2针锁针，2针长针），在下一段锁针前的每针内钩1针长针，*在整段锁针内钩（2针长针，2针锁针，2针长针），在下一段锁针前的每针内钩1针长针**，重复*到**2次，在起始锁针第3针处引拔。【共60针长针、4段锁针】

43号线断线。在任意段锁针处重新加入43号线。

第8-9圈：重复第7圈的钩织。【共92针长针、4段锁针】

43号线断线。

在第9圈任意针内加入27号线。

第10圈：1针锁针，*在下一段锁针前的每针内钩1针短针，在整段锁针内钩（1针短针，1针锁针，1针短针）**，重复*到**3次，在起始锁针处引拔。【共100针短针、4针锁针】

27号线断线。

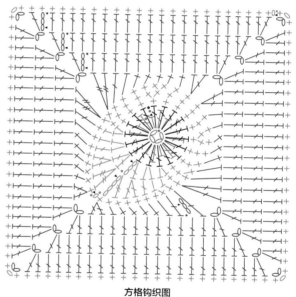

方格钩织图

27	
11	
43	
24	

牛油果核钩织图

苹果

方格

钩针：2.75mm
3号线绕线作环起针。
第1圈：在环内钩6针短针，引拔成环。【共6针短针】
第2圈：3针锁针，后5针每针内长针1针放3针，长针1针放2针，引拔成环。【共18针长针】
第3圈：3针锁针，1针长针，重复钩（1针长针，长针1针放2针）8次，引拔成环。【共26针长针】
第4圈：3针锁针，重复钩（长针1针放2针，长针1针放2针，1针1针长针）8次，长针1针放3针，引拔成环。【共44针长针】
3号线断线。
在第4圈任意针内加入15号线，1针引拔针。按照如下步骤钩织"苹果"的底部：
第5圈：1针短针，后一针内钩（1针长针，1针长长针），后一针内钩（1针长长针，1针长针），重复钩（2针长针，后2针长长针1针放2针）9次，1针长针，后一针内钩（1针长针，1针长长针），后一针内钩（1针长长针，1针长针），1针短针，引拔成环。【共67针】
15号线断线。
在第5圈最后1针短针前的第9针加入33号线，钩1针长长针的立针。第6圈的钩织均在第5圈的外侧半针完成：
第6圈：同一针内再钩（2针锁针，1针长长针），1针长长针，2针长针，2针中长针，2针短针，跳过1针，在第4圈起始的引拔针内钩1针长针，跳过1针，2针短针，2针中长针，2针长针，1针长长针，后一针内钩（1针长长针，2针锁针，1针长长针），*1针长长针，2针长针，2针中长针，5针短针，2针中长针，2针长针，1针长长针，后一针内钩（1针长长针，2针锁针，1针长长针）**，重复*到**2次，最后一次重复时省略（1针长长针，2针锁针，1针长长针），引拔成环。【共68针、4段锁针】

第7圈：在整段锁针内（1针引拔针，3针锁针，1针长针，2针锁针，2针长针，*17针长针，在整段锁针内钩（2针长针，2针锁针，2针长针）**，重复钩织*到**3次，最后一次重复时省略（2针长针，2针锁针，2针长针），引拔成环。【共84针长针、4段锁针】
第8圈：3针锁针，1针长针，*在整段锁针内钩（2针长针，3针锁针，2针长针），21针长针**，重复钩织*到**3次，最后一次重复时省略最后2针长针，引拔成环。【共100针长针、4段锁针】
第9圈：3针锁针，3针长针，*在整段锁针内钩（2针长针，3针锁针，2针长针）25针长针**，重复钩织*到**3次，最后一次重复时省略最后4针长针。【共116针长针、4段锁针】
33号线断线。
使用11号线，在第1圈两侧绣上2颗"苹果籽"。

叶片

27号线6针锁针起针。
钩法：在起针锁针第2针处引拔，1针短针，后一针内钩（1针中长针，1针长针），后一针钩（1针长针，1针中长针），1针引拔针。将织片翻转到起针锁针的另一边，钩1针锁针，在起针锁针第1针处引拔，后一针内钩（1针中长针，1针长针），后一针内钩（1针长针，1针中长针），1针短针，引拔成环。【共14针】
27号线断线。
重复以上步骤共钩织2片"叶片"，如图将它们缝在"苹果"顶部的两端。

苹果柄

11号线6针锁针起针。
钩法：在起针锁针第2针处钩1针短针，剩余每针内钩1针短针。【共5针短针】
11号线断线。将"苹果柄"缝在2片"叶片"中间。

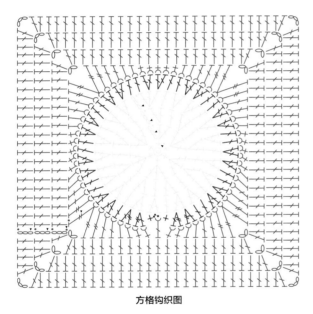

方格钩织图

叶片钩织图　　　　苹果柄钩织图

苹果杯垫

苹果

按照上页"苹果"的钩织方法钩织1个完整的"苹果"，2片"叶片"，1个"苹果柄"。
钩织绿色的"苹果"时，使用27号线替换15号线，"叶片"使用29号线钩织。

方格

使用33号线，按照上页步骤钩织第6圈。

第7圈： 在整段锁针内钩（1针引拔针，1针锁针，1针短针，2针锁针，2针短针），*17针短针，在整段锁针内钩（2针短针，2针锁针，2针短针）**，重复*到**3次，最后一次重复

时省略（2针短针，2针锁针，2针短针），引拔成环。【共84针锁针、4段锁针】
33号线断线。

收尾

按照上页方法，将"叶片""苹果柄"缝在"苹果"上。

27

橙子

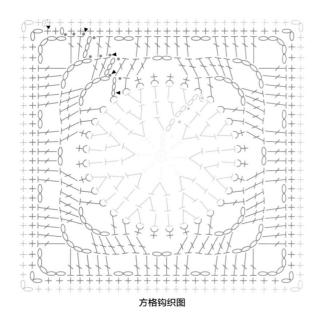

方格钩织图

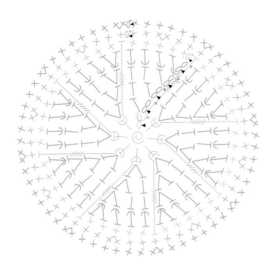

橙子钩织图

橙子

钩针：4mm
1号线绕线作环起针。
第1圈：2针锁针，在环内钩7针中长针，在起始锁针第2针处引拔。【共8针中长针】
1号线断线。
在第1圈任意针内加入17号线。
第2圈：2针锁针，同一针内再钩1针中长针，剩余每针内钩2针中长针，在起始锁针第2针处引拔。【共16针中长针】
第3圈：2针锁针，同一针内再钩1针中长针，1针中长针，重复钩（中长针1针放2针，1针中长针）7次，在起始锁针第2针处引拔。【共24针中长针】
第4圈：2针锁针，同一针内再钩1针中长针，2针中长针，重复钩（中长针1针放2针，2针中长针）7次，在起始锁针第2针处引拔。【共32针中长针】
第5圈的钩织均在第4圈的内侧半针完成。
第5圈：2针锁针，同一针内再钩1针中长针，3针中长针，重复钩（中长针1针放2针，3针中长针）7次，在起始锁针第2针处引拔。【共40针中长针】
17号线断线。
在第5圈第1针处加入1号线。
第6圈：1针锁针，5针短针，在第1圈中长针处钩1针3卷长针的前钩针，重复钩（5针短针，在第1圈中长针处钩1针3卷长针的前钩针）7次，在第1针短针处引拔。【共8针3卷长针的前钩针、40针短针】
1号线断线。
在第6圈任意3卷长针的前钩针内加入49号线。
第7圈：1针锁针，3针短针，短针1针放2针，2针短针，*3针短针，短针1针放2针，2针短针**，重复*到**6次，在第1针短针处引拔。【共56针短针】
49号线断线。
在第7圈任意针内加入17号线。
第8圈：1针锁针，同一针内再钩短针1针放2针，6针短针，重复钩（短针1针放2针，6针短针）7次，在第1针短针处引拔。【共64针短针】
17号线断线。

方格

在第4圈任意针的外侧半针加入27号线。第9圈的钩织均在第4圈的外侧半针完成：
第9圈：8针锁针，1针长针，1针中长针，4针短针，1针中长针，*1针长针，5针锁针，1针长针，1针中长针，4针短针，1针中长针**，重复钩织*到**2次，在起始锁针第3针处引拔。【共8针长针、8针中长针、16针短针、4段锁针】
第10圈：在整段锁针内钩（1针引拔针，3针锁针，2针长针，5针锁针，3针长针），3针长针，2针锁针，跳过2针，3针长针，*在整段锁针内钩（3针长针，5针锁针，3针长针），3针长针，2针锁针，跳过2针，3针长针**，重复钩织*到**2次，引拔成环。【共48针长针、4段5针锁针、4段2针锁针】
第11圈：在第1、2针内各钩1针引拔针，在整段锁针内钩（1针引拔针，3针锁针，2针长针，5针锁针，3针长针），2针长针，2针锁针，跳过2针，2针长针，在整段锁针内钩2针长针，2针长针，2针锁针，跳过2针，2针长针，*在整段锁针内钩（3针长针，5针锁针，3针长针），2针长针，2针锁针，跳过2针，2针长针，在整段锁针内钩2针长针，2针长针，2针锁针，跳过2针，2针长针**，重复钩织*到**2次，引拔成环。【共64针长针、4段5针锁针、8段2针锁针】
第12圈：在第1、2针内各钩1针引拔针，在整段锁针内钩（1针引拔针，1针锁针），*在整段锁针内钩（2针短针，2针锁针，2针短针），5针短针，在整段锁针内钩2针短针，6针短针，在整段锁针内钩2针短针，5针短针**，重复钩织*到**3次。【共96针短针、4段锁针】
27号线断线。
在第12圈任意段锁针内加入1号线。
第13圈：1针锁针，*在整段锁针内钩（1针短针，2针锁针，1针短针），24针短针**，重复*到**4次。【共104针短针、4段锁针】
1号线断线。

1	
17	
49	
27	

树莓

方格

钩针：4mm

46号线6针锁针起针，在第1针处引拔成环。

第1圈：1针锁针，在环内重复（在1针锁针内钩1针泡芙针，1针锁针）8次，在第1针泡芙针处引拔成环。【共8针泡芙针】

第2圈：1针锁针，在每段锁针内钩（1针泡芙针，1针锁针，1针泡芙针），在第1针泡芙针处引拔。【共16针泡芙针】

第3圈：在整段锁针内钩1针引拔，1针锁针，重复（在整段锁针内钩1针泡芙针，在每两针泡芙针之间钩2针泡芙针）8次，引拔成环。【共24针泡芙针】
46号线断线。

在第3圈任意两针泡芙针之间加入19号线。

第4圈：在两针泡芙针之间钩（3针锁针，2针长针，2针锁针，3针长针），2针锁针，跳过3针泡芙针，在后两针泡芙针之间钩2针短针，2针锁针，跳过3针泡芙针，*在后两针泡芙针之间钩（3针长针，2针锁针，3针长针），2针锁针，跳过3针泡芙针，在后两针泡芙针之间钩2针短针，2针锁针，跳过3针泡芙针**，重复钩织*到**直到最后，引拔成环。【共4段长针锁针组合、4段短针锁针组合】

第5圈：在两针长针处各钩1针引拔针，在整段角落锁针内钩（1针引拔针，3针锁针，2针长针，2针锁针，3针长针），*在下一段锁针内钩3针长针***，在下一段锁针内钩3针长针，在角落整段锁针内钩（3针长针，2针锁针，3针长针）**，重复钩织*到**直到最后，最后一次重复时仅钩织到***处，引拔成环。【方格每边共4组长针】

第6-7圈：在两针长针处各钩1针引拔针，在角落整段锁针内钩（1针引拔针，3针锁针，2针长针，2针锁针，3针长针），*在两组长针之间钩3针长针**，重复钩织*到**直到下一段角落锁针，重复【在角落整段锁针内钩（3针长针，2针锁针，3针长针），***在两组长针之间钩3针长针****，重复钩织***到****直到下一段角落锁针】3次，在起始锁针第3针处引拔成环。【方格每边共6组长针】
19号线断线。

在第7圈任意段角落锁针处加入5号线。

第8圈：1针锁针，*在整段角落锁针处钩（1针短针，1针锁针，1针短针），下一段锁针前的每针内钩1针短针**，重复*到**3次，引拔成环。【方格每边共20针短针】
5号线断线。

叶片

25号线6针锁针起针。

钩法：在起针锁针第2针处钩1针短针，1针中长针，2针长针，最后一针内钩5针长针，将织片翻转，在锁针另一侧钩2针长针，2针中长针，1针短针，引拔成环。【共14针】
25号线断线。重复以上步骤共钩织2片"叶片"。

将"叶片"缝在方格上，覆盖"树莓"的顶部。

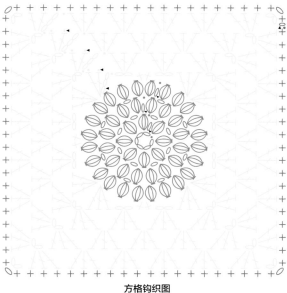

19	
46	
25	
5	

方格钩织图

叶片钩织图

34	
27	
15	

樱桃

方格

钩针：2.75mm
34号线绕线作环起针。

第1圈：3针锁针，2针长针，重复钩（3针锁针，3针长针）3次，引拔成环。【共12针长针、4段锁针】

第2圈：3针锁针，2针长针，在整段锁针内钩（2针长针，3针锁针，2针长针），*3针长针，在整段锁针内钩（2针长针，3针锁针，2针长针），重复*到**2次，引拔成环。【共28针长针、4段锁针】

第3圈：3针锁针，4针长针，*在整段锁针内钩（2针长针，3针锁针，2针长针），7针长针**，重复*到**3次，最后一次重复时省略最后5针长针，引拔成环。【共44针长针、4段锁针】34号线断线，并在第3圈任意段锁针内重新加入34号线，钩1针长针的立针。

第4圈：在整段锁针内钩（1针长针，3针锁针，2针长针），*跳过1针，3针锁针，更换成15号线，1针7针长针的泡芙针，1针锁针，更换成34号线，2针长针，更换成15号线，1针7针长针的泡芙针，1针锁针，更换成34号线，3针长针，在整段锁针内钩（2针长针，3针锁针，2针长针）**，重复*到**3次，最后一次重复时省略（2针长针，3针锁针，2针长针），引拔成环。【共48针长针、8针泡芙针、4段锁针】15号线断线。

第5圈：3针锁针，1针长针，*在整段锁针内钩（2针长针，3针锁针，2针长针），5针长针，在第1颗"樱桃"上钩1针长针，2针长针，在第2颗"樱桃"上钩1针长针，5针长针

，重复*到3次，最后一次重复时省略最后2针长针，引拔成环。【共72针长针、4段锁针】

第6圈：3针锁针，3针长针，*在整段锁针内钩（2针长针，3针锁针，2针长针），18针长针**，重复*到**3次，最后一次重复时省略最后4针长针，引拔成环。【共88针长针、4段锁针】

第7圈：3针锁针，5针长针，*在整段锁针内钩（2针长针，3针锁针，2针长针），22针长针**，重复*到**3次，最后一次重复时省略最后6针长针，引拔成环。【共104针长针、4段锁针】

第8圈：3针锁针，7针长针，*在整段锁针内钩（2针长针，3针锁针，2针长针），26针长针**，重复*到**3次，最后一次重复时省略最后8针长针，引拔成环。【共120针长针、4段锁针】34号线断线。

樱桃柄

在"樱桃"顶部加入27号线，钩1针引拔针，3针锁针，在第7圈两颗"樱桃"中间位置钩1针短针，3针锁针，在第2颗"樱桃"处引拔。
27号线断线。重复以上步骤钩织所有的"樱桃柄"。

叶片

27号线4针锁针起针。

钩法：跳过1针，钩1针短针，1针长针，1针引拔针，1针锁针，将织片翻转，在锁针另一侧钩1针引拔针，1针长针，1针引拔针。【共6针】
27号线断线。重复以上步骤共钩织8片"叶片"。
如图，将"叶片"缝在"樱桃柄"两侧。

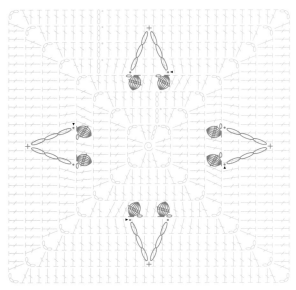

方格钩织图

樱桃柄钩织图

叶片钩织图

樱桃信封包

方格

按照上页"樱桃"方格的方法钩织第1-8圈，将34号线替换成31号线，并将所有3针的锁针段替换成2针的锁针段。

第9圈： 2针锁针，9针中长针，*在整段锁针内钩（1针中长针，1针长针，1针长长针，1针长针，1针中长针），30针中长针**，重复*到**2次，在整段锁针内钩（1针中长针，1针长针，1针长长针，1针长针，1针中长针），20针中长针，引拔成环。【共140针】31号线断线。

樱桃柄

按照上页"樱桃柄"的方法钩织对应的"樱桃柄"。

叶片

按照上页"叶片"的方法钩织8片"叶片"。将"叶片"缝在"樱桃柄"两侧。

收尾

织片反面朝上，将3个角向方格的中心折叠，并将各边的外侧半针缝合。

在3个角的汇合点缝上纽扣，纽扣的大小需对应第4个角上的锁针孔大小。

奇异果

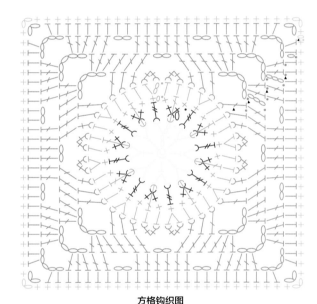

方格钩织图

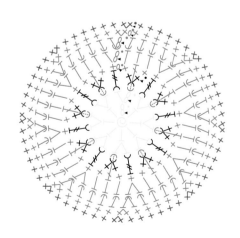

奇异果钩织图

19	
2	
27	
10	
45	
44	

奇异果

钩针：4mm

19号线绕线作环起针。

第1圈：2针锁针，在环内钩7针中长针，在起始锁针第2针处引拔。【共8针中长针】

第2圈：2针锁针，同一针内再钩1针中长针，剩余每针内钩2针中长针，在起始锁针第2针处引拔。【共16针中长针】

19号线断线。

在第2圈任意针的外侧半针加入2号线。第3圈的钩织均在第2圈的外侧半针完成：

第3圈：1针锁针，同一针内再钩2针短针，1针长长针，重复钩（短针1针放2针，1针长长针）7次。【共8针长长针、16针短针】

2号线断线。

在第3圈任意长长针内加入27号线。

第4圈：1针锁针，*在长长针内钩1针短针，在短针内钩1针短针，在第2圈的内侧半针钩1针长针，下一针钩1针短针**，重复*到**7次，引拔成环。【共8针长针、24针短针】

第5圈：2针锁针，同一针内再钩1针中长针，3针中长针，重复钩（中长针1针放2针，3针中长针）7次，在起始锁针第2针的内侧半针引拔。【共40针中长针】

第6圈的钩织均在第5圈的内侧半针完成：

第6圈：2针锁针，同一针内再钩1针中长针，4针中长针，重复钩（中长针1针放2针，4针中长针）7次，在起始锁针第2针处引拔。【共48针中长针】

第7圈：1针锁针，同一针内再钩2针短针，5针短针，重复钩（短针1针放2针，5针短针）7次，引拔成环。【共56针短针】

27号线断线。

在第7圈任意针内加入10号线。

第8圈：1针锁针，同一针内再钩2针短针，6针短针，重复钩（短针1针放2针，6针短针）7次，引拔成环。【共64针短针】

10号线断线。

方格

在第5圈任意针内加入45号线。第9圈的钩织均在第5圈的外侧半针完成：

第9圈：在第1针内钩1针长针的立针，5针锁针，1针长针，1针中长针，1针短针，短针2针并1针2次，1针短针，1针中长针，*1针长针，5针锁针，1针长针，1针中长针，1针短针，短针2针并1针2次，1针短针，1针中长针**，重复*到**2次，引拔成环。【共8针长针、8针中长针、8针短针、8针短针2针并1针、4段锁针】

第10圈：在整段锁针内钩（1针引拔针，3针锁针，2针长针，5针锁针，3针长针），3针长针，2针锁针，跳过2针，3针长针，*在整段锁针内钩（3针长针，5针锁针，3针长针），3针长针，2针锁针，跳过2针，3针长针**，重复*到**2次，引拔成环。【共48针长针、4段5针锁针、4段2针锁针】

第11圈：2针引拔针，在整段锁针内钩（1针引拔针，3针锁针，2针长针，5针锁针，3针长针），2针长针，2针锁针，跳过2针，2针长针，在整段锁针内钩2针长针，2针长针，2针锁针，跳过2针，2针长针，*在整段锁针内钩（3针长针，5针锁针，3针长针），2针长针，2针锁针，跳过2针，2针长针，在整段锁针内钩2针长针，2针长针，2针锁针，跳过2针，2针长针**，重复*到**2次，引拔成环。【共64针长针、4段5针锁针、8段2针锁针】

第12圈：2针引拔针，在整段锁针内钩1针引拔针，1针锁针，*在整段锁针内继续钩（2针中长针，2针锁针，2针中长针），5针中长针，在整段锁针内钩2针中长针，6针中长针，在整段锁针内钩2针中长针，5针中长针**，重复*到**3次。【共96针中长针、4段锁针】

45号线断线。

在第12圈任意段锁针内加入44号线。

第13圈：1针锁针，*在整段锁针内钩（1针短针，2针锁针，1针短针），24针短针**，重复*到**3次。【共104针短针、4段锁针】

44号线断线。

南瓜

方格

钩针：2.75mm
18号线绕线作环起针。

第1圈：在环内钩6针短针，引拔成环。【共6针短针】

第2圈：3针锁针，后5针每针内钩3针长针，最后一针内钩2针长针，在起始锁针第3针处引拔。【共18针长针】

第3圈：3针锁针，1针长针，重复钩（1针长针，长针1针放2针）8次，引拔成环。【共26针长针】

第4圈：3针锁针，重复钩（长针1针放2针，长针1针放2针，1针长针）8次，最后一针内钩3针长针，引拔成环。【共44针长针】

第5圈：3针锁针，重复钩（长针1针放2针，长针1针放2针，2针长针）10次，3针长针，引拔成环。【共64针长针】

18号线断线。

在第5圈任意针内加入8号线，钩1针长长针的立针。第6圈的钩织均在第5圈的外侧半针完成。

第6圈：同一针内再钩（2针锁针，1针长长针），*1针长长针，2针长针，2针中长针，5针短针，2针中长针，2针长针，1针长长针，下一针内钩（1针长长针，2针锁针，1针长长针）**，重复*到**3次，最后一次重复时省略（1针长长针，2针锁针，1针长长针），引拔成环。【共68针、4段锁针】

第7圈：在整段锁针内钩（1针引拔针，3针锁针，1针长针，2针锁针，2针长针），*17针长针，在整段锁针内钩（2针长针，2针锁针，2针长针）**，重复*到**3次，最后一次重复时省略（2针长针，2针锁针，2针长针），引拔成环。【共84针长针在、4段锁针】

第8圈：3针锁针，1针长针，*在整段锁针内钩（2针长针，3针锁针，2针长针），21针长针**，重复*到**3次，最后一次重复时省略最后2针长针，引拔成环。【共100针长针、4段锁针】

第9圈：3针锁针，3针长针，*在整段锁针内钩（2针长针，3针锁针，2针长针），25针长针**，重复*到**3次，最后一次重复时省略最后4针长针，引拔成环。【共116针长针、4段锁针】

8号线断线。

用记号扣在第6圈任意一侧短针第3针的内侧半针做标记，作为"南瓜柄"的缝合点。

在对侧短针第3针的内侧半针也标记一个记号扣，作为"南瓜"的底部。

南瓜边缘

移除第一个记号扣，并在"南瓜"顶部的内侧半针加入18号线，引拔1针。

第10圈：钩2针引拔针，2针短针，3针中长针，3针长针，后2针每针内钩长针1针放2针，4针长长针，后2针每针内钩长针1针放2针，2针长针，3针中长针，3针短针，5针引拔针，移除第二个记号扣，5针引拔针，3针短针，3针中长针，2针长针，后2针每针内钩长长针1针放2针，4针长长针，后2针每针内钩长针1针放2针，3针长针，3针中长针，2针短针，3针引拔针，引拔成环。【共72针】

18号线断线。

如图，使用11号线缝回针缝，形成"南瓜的纹路"。

南瓜柄

11号线6针锁针起针。

第1行：在起针锁针倒数第2针处引拔，钩2针短针，1针中长针，1针长针。【共5针】

第2行：1针锁针，翻面，在上一行的外侧半针钩2针中长针，1针短针，2针引拔针。【共5针】

11号线断线。将"南瓜柄"缝在"南瓜"顶部。

南瓜须

26号线10针锁针起针。

钩法：在起针锁针倒数第2针内钩3针短针，剩余每针内钩3针短针。【共27针】

26号线断线。如图将"南瓜须"缝在"南瓜柄"的一侧。

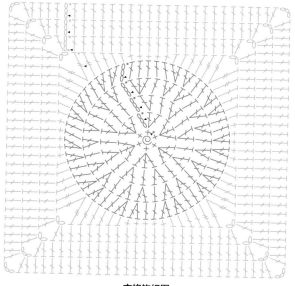

18	
8	
26	
11	

方格钩织图

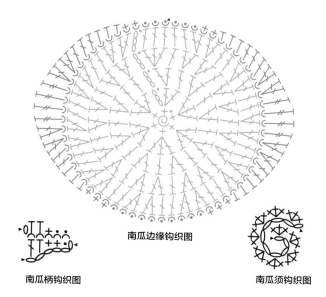

南瓜边缘钩织图

南瓜柄钩织图

南瓜须钩织图

菠萝

方格

钩针：4mm

21号线绕线作环起针。

第1圈： 3针锁针，在环内钩11针长针，引拔成环。【共12针长针】

第2圈： 3针锁针，同一针内再钩1针长针，剩余每针内钩长针1针放2针，引拔成环。【共24针长针】

第3圈： 3针锁针，同一针内再钩1针长针，后2针每针内钩长长针1针放2针，长针1针放2针，1针中长针，2针短针，重复钩（短针1针放2针，1针短针）8次，1针短针，引拔成环。【共36针】

21号线断线。

在第3圈中长针处加入32号线。第4圈的钩织均在第3圈的外侧半针完成：

第4圈： 3针锁针，同一针内再钩1针长针，2针锁针，长针1针放2针，2针中长针，3针短针，2针中长针，*长针1针放2针，2针锁针，长针1针放2针，2针中长针，3针短针，2针中长针**，重复*到**2次，在起始针第3针处引拔，再钩1针引拔针，在整段锁针内钩1针引拔针。【共44针、4段锁针】

第5圈： 在整段锁针内钩（3针锁针，1针长针，2针锁针，2针长针），在下一段锁针前的每针内钩1针长针，*在整段锁针内钩（2针长针，2针锁针，2针长针），在下一段锁针前的每针内钩1针长针**，重复*到**2次，在起始锁针第3针处引拔，再钩1针引拔针，在整段锁针内钩1针引拔针。【共60针长针、4段锁针】

第6-7圈： 重复第5圈的钩织。【共92针长针、4段锁针】

32号线断线。

菠萝边缘

在方格第3圈任意针的内侧半针加入21号线。第8圈的钩织均在第3圈的内侧半针完成：

第8圈： 1针锁针，剩余每针内钩（1针短针，1针锁针），引拔成环。【共38针短针、36针锁针】

21号线断线。

小叶片

27号线7针锁针起针。

钩法： 在起针锁针倒数第3针处钩1针中长针，剩余每针内钩1针中长针。【共5针中长针】

27号线断线。

重复以上步骤共钩织3片"小叶片"，如图缝在"菠萝"顶部。

大叶片

27号线8针锁针起针。

钩法： 在起针锁针倒数第3针处钩1针中长针，剩余每针内钩1针中长针。【共6针中长针】

27号线断线。

如图将"大叶片"缝在"菠萝"顶部。

■	32
□	21
■	27

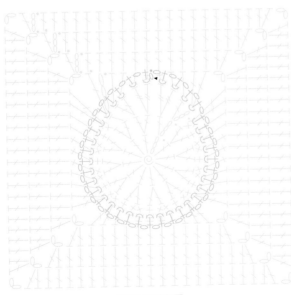

方格钩织图

菠萝边缘钩织图

大叶片钩织图

小叶片钩织图

猪

小猪

钩针：4mm
48号线绕线作环起针。

第1圈：3针锁针，在环内钩11针长针，在起始锁针第3针处引拔。【共12针长针】

第2圈：3针锁针，同一针内再钩1针长针，1针长针重复钩长针1针放2针11次，在起始锁针第3针处引拔。【共24针长针】

第3圈：3针锁针，同一针内再钩1针长针，重复钩（长针1针放2针，1针长针）11次，在起始锁针第3针处引拔。【共36针长针】

第4圈：1针锁针，同一针内再钩2针短针，2针短针，重复钩（短针1针放2针，2针短针）11次，在超始锁针处引拔。【共48针短针】

第5圈的钩织均在第4圈的内侧半针完成：

第5圈：22针引拔针，1针短针，1针中长针，下一针内钩（1针中长针，1针长针），下一针内钩（1针长针，1针中长针），1针中长针，2针针短，10针引拔针，2针短针，1针中长针，下一针内钩（1针长针，1针长针），下一针内钩（1针长针，1针中长针），1针中长针，1针短针，2针引拔针。【共4针长针、8针中长针、6针短针、34针引拔针】
48号线断线。

方格

在第4圈第4针的外侧半针加入1号线，钩1针长长针的立针。第6圈的钩织均在第4圈的外侧半针完成：

第6圈：同一针内再钩1针长长针，2针锁针，长长针1针放2针，1针长针，2针中长针，4针短针，2针中长针，1针长针，*长长针1针放2针，2针锁针，长长针1针放2针，1针长针，2针中长针，4针短针，2针中长针，1针长针**，重复*到**2次，引拔成环。【共16针长长针、8针长针、16针中长针、16针短针、4段锁针】

第7圈：1针引拔针，在整段锁针内钩（1针引拔针，3针锁针，1针长针，2针锁针，长针1针放2针），14针长针，*在整段锁针内钩（长针1针放2针，2针锁针，长针1针放2针），14针长针**，重复*到**2次，在起始锁针第3针处引拔。【共72针长针、4段锁针】

第8圈：1针引拔针，在整段锁针内钩（1针引拔针，3针锁针，1针长针，2针锁针，长针1针放2针），18针长针，*在整段锁针内钩（长针1针放2针，2针锁针，长针1针放2针），18针长针**，重复*到**2次，在起始锁针第3针处引拔。【共88针长针、4段锁针】

第9圈：1针引拔针，在锁针段内钩1针引拔针，1针锁针，*在整段锁针内钩（1针短针，2针锁针，1针短针），22针短针**，重复*到**3次，在起始短针处引拔。【共96针短针、4段锁针】
1号线断线。
在第9圈任意锁针段内加入45号线。

第10圈：1针锁针，*在整段锁针内钩（1针短针，2针锁针，1针短针），24针短针**，重复*到**3次，在起始锁针处引拔。【共104针短针、4段锁针】
45号线断线。
使用2号线绣上"眼睛"。

耳朵

在第5圈第6针处加入45号线。
以下钩织均在第5圈上完成：

钩法：1针引拔针，7针锁针，在锁针倒数第2针处钩1针引拔针，下一针锁针再钩1针引拔针，继续在锁针上钩1针短针，1针中长针，1针长针，1针长针，在第5圈上跳过1针，1针引拔针。【共1针长长针、1针长针、1针中长针、1针短针、2针引拔针】
在第5圈上跳过5针，重复第1圈的步骤钩织第2只"耳朵"。
45号线断线。
将两只"耳朵"轻轻弯曲并缝合固定。

口鼻部

钩针：3mm
45号线绕线作环起针。

第1圈：1针锁针，在环内钩6针短针。【共6针短针】

第2圈：短针1针放3针，2针短针，短针1针放3针，2针短针。【共10针短针】

第3圈：1针短针，短针1针放3针，4针短针，短针1针放3针，3针短针，在起始短针处引拔。【共14针短针】
45号线断线。
使用2号线绣上"鼻孔"，然后将"口鼻部"缝在方格上。

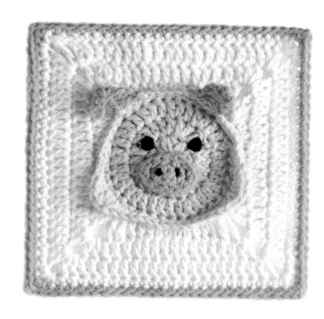

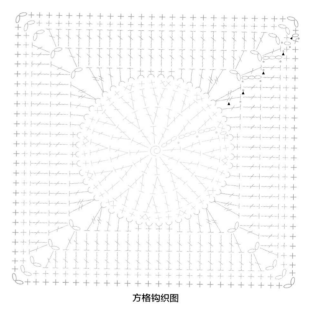

48	
1	
45	
2	

方格钩织图

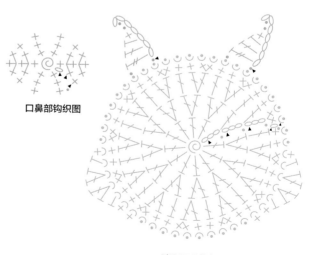

口鼻部钩织图

猪和耳朵钩织图

小兔

方格

钩针：2.75mm
5号线绕线作环起针。
第1圈： 在环内钩6针短针，引拔成环。【共6针短针】
第2圈： 3针锁针，后5针每针内钩3针长针，最后一针内钩2针长针，引拔成环。【共18针长针】
第3圈： 3针锁针，1针长针，重复钩（1针长针，长针1针放2针）8次，引拔成环。【共26针长针】
第4圈： 3针锁针，重复钩（长针1针放2针，长针1针放2针，1针长针）8次，最后一针内钩3针长针，引拔成环。【共44针长针】
第5圈： 3针锁针，重复钩（长针1针放2针，长针1针放2针，2针长针）10次，3针长针，引拔成环。【共64针长针】
5号线断线。
在第5圈任意针内加入1号线，钩1针长针的立针。
第6圈： 同一针内再钩（2针锁针，1针长长针），*1针长长针，2针锁针，2针中长针，5针短针，2针中长针，2针长针，1针长长针，同一针内钩（1针长长针，2针锁针，1针长长针）*，重复*到**3次，最后一次重复时省略（1针长长针，2针锁针，1针长长针），引拔成环。【共68针、4段锁针】
第7圈： 在整段锁针内钩（1针引拔针，3针锁针，1针长针，2针锁针，2针长针），*17针长针，在整段锁针内钩（2针长针，2针锁针，2针长针）**，重复*到**3次，最后一次重复时省略（2针长针，2针锁针，2针长针），引拔成环。【共84针长针、4段锁针】
1号线断线。
在第7圈任意段锁针内加入23号线，钩1针短针的立针。
第8圈： 同一段锁针内再钩（1针短针，3针锁针，2针短针），*重复钩（1针锁针，跳过1针，1针短针）10次，1针锁针，跳过1针，在整段锁针内钩（2针短针，3针锁针，2针短针）**，重复*到**3次，最后一次重复时省略（2针短针，3针锁针，2针短针），引拔成环。【共56针短针、44针锁针、4段锁针】
23号线断线。
在第8圈任意段锁针内加入1号线，钩1针长针的立针。
第9圈： 同一段锁针内钩（2针长针，3针锁针，3针长针），*在下一段锁针前的每针锁针内钩2针长针，在整段锁针内钩（3针长针，3针锁针，3针长针）**，重复*到**3次，最后一次重复时省略（3针长针，3针锁针，3针长针），引拔成环。【共112针长针、4段锁针】
第10圈： 2针锁针，2针中长针，*在整段锁针内钩（2针中长针，2针锁针，2针中长针），28针中长针**，重复*到**3次，最后一次重复时省略最后3针

长针，引拔成环。【共128针中长针、4段锁针】
1号线断线。

耳朵

48号线10针锁针起针。
第1行： 在起针锁针倒数第2针处钩1针短针，剩余每针内钩1针短针。【共9针短针】
48号线断线。
在第1行尾端加入5号线。
第2行： 1针锁针，翻面，在之后8针的内侧半针各钩1针短针，下一针的内侧半针钩5针长针，跳过1针锁针，在之后9针锁针的内侧半针各钩1针短针。【共22针】
第3行： 1针锁针，翻面，之后每针内钩1针短针。【共22针短针】
5号线断线。重复以上步骤共钩织2只"耳朵"。
将"耳朵"的根部捏起，缝在"小兔头部"第4圈的外缘，左右相隔约8针。

口鼻部

3号线5针锁针起针。
第1圈： 跳过1针锁针，钩3针短针，最后一针锁针内钩3针短针，翻转织片到锁针的另一侧，钩3针短针，下一针锁针内钩3针短针。【共12针】
第2圈： 4针锁针，后2针每针内钩2针短针，4针锁针，后2针每针内钩2针短针，引拔成环。【共16针】
3号线断线。
如图，将"口鼻部"缝在"小兔脸部"，使用2号线在"口鼻部"两侧绣上"眼睛"。

鼻子

48号线绕线作环起针。
钩法： 2针短针，2针长针，2针短针，2针长针，引拔成环。【共8针】
48号线断线。
将"鼻子"缝在"口鼻部"上。

花朵

38号线绕线作环起针。
钩法： 重复钩（3针锁针，在环内引拔1针）4次。【共4段锁针、4针引拔针】
38号线断线。
重复以上步骤，使用38号线共钩织2朵"花朵"，使用34号线钩织1朵"花朵"。
使用20号线在"花朵"中央绣上法式结。将所有"花朵"缝在方格上。

叶片

27号线4针锁针起针。
钩法： 在起针锁针倒数第2针处钩1针中长针，1针长针，最后一针内钩1针引拔针。【共3针】
27号线断线。重复以上步骤共钩织3片"叶片"。
将所有"叶片"缝在方格上。

方格钩织图

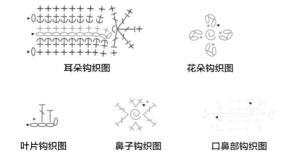

耳朵钩织图　　　　花朵钩织图

叶片钩织图　　　鼻子钩织图　　　口鼻部钩织图

老鼠

方格

钩针：2.75mm
5号线绕线作环起针。
第1圈：在环内钩6针短针，引拔成环。【共6针短针】
第2圈：3针锁针，后5针每针内钩3针长针，最后一针内钩2针长针，引拔成环。【共18针长针】
第3圈：3针锁针，1针长针，重复钩（1针长针，长针1针放2针）8次，引拔成环。【共26针长针】
第4圈：3针锁针，重复钩（长针1针放2针，长针1针放2针，1针长针）8次，最后一针内钩3针长针，引拔成环。【共44针长针】
5号线断线。
在第4圈任意针内加入47号线，钩1针长针的立针。第5圈的钩织均在第4圈的外侧半针完成：
第5圈：重复钩（长针1针放2针，长针1针放2针，2针长针）10次，3针长针，引拔成环。【共64针】
47号线断线。并在第5圈任意针内重新加入47号线，钩1针长针的立针。
第6圈：同一针内再钩（2针锁针，1针长长针），*1针长针，2针长针，2针中长针，5针短针，2针中长针，2针长针，1针长长针，同一针内钩（1针长长针，2针锁针，1针长长针）*，重复*到**3次，最后一次重复时省略（1针长长针，2针锁针，1针长长针），引拔成环。【共68针、4段锁针】
第7圈：在整段锁针内钩（1针引拔针，3针锁针，1针长针，2针锁针，2针长针），*17针长针，在整段锁针内钩（2针长针，2针锁针，2针长针）**，重复*到**3次，最后一次重复时省略（2针长针，2针锁针，2针长针），引拔成环。【共84针长针、4段锁针】
第8圈：3针锁针，1针长针，*在整段锁针内钩（2针长针，3针锁针，2针长针），21针长针**，重复*到**3次，最后一次重复时省略最后2针长针，引拔成环。【共100针长针、4段锁针】
第9圈：3针锁针，3针长针，*在整段锁针内钩（2针长针，3针锁针，2针长针），25针长针**，重复*到**3次，最后一次重复时省略最后4针长针，引拔成环。【共116针长针、4段锁针】
47号线断线。

鼻子

48号线绕线作环起针。
第1圈：在环内钩5针短针，引拔成环。【共5针短针】
48号线断线。
在第1圈任意针内加入1号线。
第2圈：短针1针放2针，2针短针，短针1针放2针，1针短针，引拔成环。【共7针短针】
第3圈：短针1针放2针，6针短针，引拔成环。【共8针短针】
1号线断线。
在第3圈任意针内加入5号线。
第4圈：重复钩（短针1针放2针，3针短针）2次，引拔成环。【共10针短针】
第5圈：重复钩（短针1针放2针，4针短针）2次，引拔成环。【共12针短针】
第6圈：重复钩（短针1针放2针，5针短针）2次，引拔成环。【共14针短针】
5号线断线。
在"老鼠脸部"中央偏下处缝上"鼻子"。
使用2号线，在"鼻子"两侧绣上"眼睛"，左右相隔约7针。

内耳

48号线绕线作环起针。
第1圈：在环内钩6针短针。【共6针短针】
第2圈：每针内钩2针短针，引拔成环。【共12针短针】
48号线断线。重复以上步骤共钩织2片"内耳"。

外耳

5号线绕线作环起针。
第1圈：在环内钩6针短针。【共6针短针】
第2圈：每针内钩2针短针，引拔成环。【共12针短针】
第3圈：*1针短针，短针1针放2针**，重复*到**直到最后，引拔成环。【共18针短针】
第4圈：*短针1针放2针，2针短针**，重复*到**直到最后，引拔成环。【共24针短针】
5号线断线。重复以上步骤共钩织2片"外耳"。

收尾

将"内耳"分别缝在"外耳"上，组成"耳朵"。
将"耳朵"缝在"老鼠头部"第8圈处，与角落锁针段对齐。

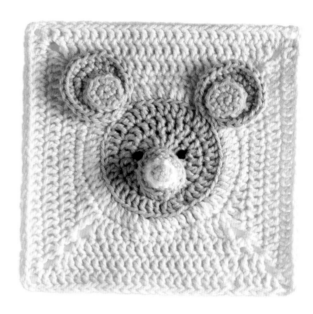

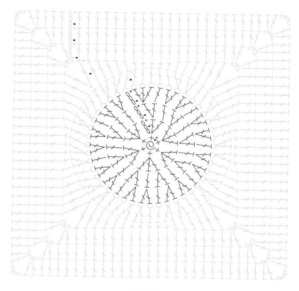

方格钩织图

内耳钩织图

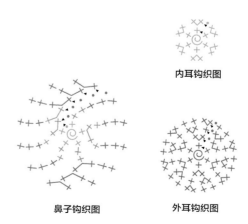

鼻子钩织图　　外耳钩织图

美洲驼

美洲驼身躯

钩针：4mm

19号线10针锁针起针。

第1行： 在起针锁针倒数第2针处钩1针短针，剩余每针内钩1针短针，1针锁针，翻面。【共9针短针】

第2行： 短针1针放2针，7针短针，短针1针放2针，1针锁针，翻面。【共11针短针】

第3-9行： 在每针内钩1针短针，1针锁针，翻面。【共11针短针】

第10行： 3针短针，1针锁针，翻面。【共3针短针】

第11-14行： 重复第10行的钩织。【共3针短针】

第15行： 3针短针，3针锁针，翻面。【共3针短针、3针锁针】

第16行： 在锁针倒数第2针处钩1针短针，之后4针每针内钩1针短针，1针锁针，翻面。【共5针短针】

第17-18行： 在每针内钩1针短针，1针锁针，翻面。【共5针短针】

第19行： 2针短针，1针锁针，翻面。【共2针短针】

第20行： 重复第19行的钩织。19号线断线。

使用2号线在"头部"绣上"眼睛"。

美洲驼腿

在"美洲驼身躯"底部左下角锁针处加入19号线。

第1行： 1针锁针，1针短针，1针锁针，翻面。【共2针短针】

第2-5行： 2针短针，1针锁针，翻面。【共2针短针】19号线断线。

在"美洲驼身躯"底部右下角锁针处加入19号线，重复第1-5行的步骤钩织另一条"腿"，19号线断线。

毯子

12号线4针锁针起针。

第1圈： 在起针锁针倒数第4针处钩2针长针，2针锁针，*同一锁针内钩（3针长针，2针锁针）**，重复*到**2次，在起始锁针第4针处引拔。【共4组长针组合】

12号线断线。

在第1圈任意段锁针内加入45号线。

第2圈： 3针锁针，同一段锁针内再钩2针长针，下2段锁针内钩（3针长针，2针锁针，3针长针），最后一段锁针内钩3针长针。【共6组长针组合】

45号线断线。

方格

5号线绕线作环起针。

第1圈： 3针锁针，在环内钩2针长针，2针锁针，重复（在环内钩3针长针，2针锁针）3次，在起始锁针第3针处引拔。【共12针长针、4段锁针】

第2圈： 3针锁针，*在下一段锁针前的每针内钩1针长针，在整段锁针内钩（2针长针，2针锁针，2针长针）**，重复*到**3次，在起始锁针第3针处引拔。【共28针长针、4段锁针】

第3-6圈： 3针锁针，*在下一段锁针前的每针内钩1针长针，在整段锁针内钩（2针长针，2针锁针，2针长针）**，重复*到**3次，剩余每针内钩1针长针，在起始锁针第3针处引拔。【共92针长针、4段锁针】

5号线断线。

收尾

如图，将"美洲驼的身躯"缝在方格上，并将"毯子"缝上。

使用20号线，制作4条迷你"流苏"，系在"毯子"底部。

使用19号线，制作4条"流苏"作为尾巴，系在"美洲驼身躯"的尾部。

▨	19
▨	45
▨	12
▨	20
▨	5
■	2

方格钩织图

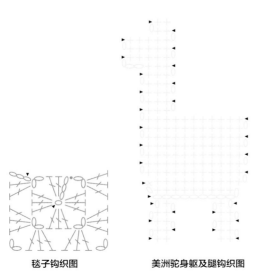

毯子钩织图　　　美洲驼身躯及腿钩织图

美洲驼小包

美洲驼

按照上页"美洲驼"的步骤钩织1片完整的"美洲驼身躯"，19号线替换成11号线。

使用2号线绣上"眼睛"。

按照上页"美洲驼腿"的步骤钩织并缝上"腿"，19号线替换成11号线。

按照上页"毯子"的步骤钩织1块"毯子"。

方格

按照上页方格步骤钩织第1-6圈，5号线替换成19号线。

第7-8圈：3针锁针，*在整段锁针前的每针内钩1针长针，在整段锁针内钩（2针长针，2针锁针，2针长针）**，重复*到**3次，剩余每针内钩1针长针，在起始锁针第3针处引拔。【共124针长针、4段锁针】

19号线断线。重复以上步骤共钩织2片方格。

组装

如图，将"美洲驼的身躯"缝在1片方格上，并将"毯子"缝上。

使用20号线，制作4条迷你"流苏"，系在"毯子"底部。

使用11号线，制作4条"流苏"作为尾巴，系在"美洲驼身躯"的尾部。

将2片方格对齐，在第8圈左上角的锁针段内加入19号线，将钩针同时穿过2片方格钩织，从而缝合方格的三边：

第9圈：同一段锁针内钩1针短针，在下一段锁针前的每针内钩1针短针，在整段锁针内钩（1针短针，1针锁针，1针短针），在下一段锁针前的每针

内钩1针短针，在整段锁针内钩（1针短针，1针锁针，1针短针），在下一段锁针前的每针内钩1针短针，在整段锁针内钩1针短针。【共99针短针、2段锁针】

19号线断线。

把手

在前片方格第8圈右上角的锁针段内加入19号线。

以下钩织在前后2片方格上完成，在每圈起始处放置一枚记号扣。

第1圈：在每针及每段锁针内钩1针短针，引拔成环。【共64针短针】

第2-6圈：重复第1圈的钩织。【共64针短针】

第7圈：10针短针，12针锁针，跳过12针，20针短针，12针锁

针，跳过12针，10针短针，引拔成环。【共40针短针、2段锁针】

第8圈：在每针短针及锁针内钩1针短针，引拔成环。【共64针短针】

第9圈：重复第8圈的钩织。【共64针短针】

19号线断线。

收尾

使用19号线剪出36股15cm长的线，每2股作为一组"流苏"。

将2股线对折，用缝纫针将其穿过小包底边左下角的针目，打一个结。跳过1针，*重复操作另2股线，跳过1针**，重复*到**直到底边右下角的针目。

将线头修剪整齐。

狗

方格

钩针：2.75mm
10号线绕线作环起针。
第1圈：在环内钩6针短针，引拔成环。【共6针短针】
第2圈：3针锁针，后5针每针内钩3针长针，最后一针内钩2针长针，在起始锁针第3针处引拔。【共18针长针】
第3圈：3针锁针，1针长针，重复钩（1针长针，长针1针放2针）8次，在起始锁针第3针处引拔。【共26针长针】
第4圈：3针锁针，重复钩（长针1针放2针，长针1针放2针，1针长针）8次，最后一针内钩3针长针，在起始锁针第3针处引拔。【共44针长针】
第5圈：3针锁针，重复钩（长针1针放2针，长针1针放2针，2针长针）10次，3针长针，在起始锁针第3针处引拔。【共64针长针】
10号线断线。
在第5圈任意针内加入20号线，钩1针长长针的立针。
第6圈：同一针内再钩（2针锁针，1针长针），*1针长长针，2针长针，2针中长针，5针短针，2针中长针，2针长针，1针长长针，同一针内钩（1针长长针，2针锁针，1针长长针）*，重复*到**3次，最后一次重复时省略（1针长长针，2针锁针，1针长长针），引拔成环。【共68针、4段锁针】
第7圈：在整段锁针内钩（1针引拔针，3针锁针，2针长针，2针长针）*，*17针长针，在整段锁针内钩（2针长针，2针锁针，2针长针）**，重复*到**3次，最后一次重复时省略（2针长针，2针锁针，2针长针），引拔成环。【共84针长针、4段锁针】
第8圈：3针锁针，1针长针，*在整段锁针内钩（2针长针，3针锁针，2针长针），21针长针**，重复*到**3次，最后一次重复时省略最后2针长针，引拔成环。【共100针长针、4段锁针】
第9圈：3针锁针，3针长针，*在整段锁针内钩（2针长针，3针锁针，2针长针），25针长针**，重复*到**3次，最后一次重复时省略最后4针长针，引拔成环。【共116针长针、4段锁针】
20号线断线。

口鼻部

8号线5针锁针起针。
第1圈：跳过1针锁针，后3针每针内钩1针短针，最后一针锁针内钩3针短针，翻转织片到起针锁针的另一侧，后3针每针内钩1针短针，最后一针锁针内钩3针短针。【共12针短针】
第2圈：4针短针，后2针每针内钩2针短针，4针短针，后2针每针内钩2针短针。【共16针】
第3圈：5针短针，后2针每针内钩2针短针，下一针内钩（1针中长针，1针短针），3针引拔针，下一针内钩（1

针短针，1针中长针），后2针每针内钩2针短针，2针短针。【共22针】
第4圈：6针短针，后3针每针内钩2针短针，中长针1针放2针，1针短针，3针引拔针，1针短针，中长针1针放2针，后3针每针内钩2针短针，3针引拔针。【共30针】
继续钩织"鼻部"：
第1行：1针引拔针，1针锁针，3针短针。【共3针短针】
第2行：1针锁针，翻面，3针短针。【共3针】
第3行：1针锁针，翻面，3针短针。【共3针】
第4行：1针锁针，翻面，短针1针放2针，1针短针，短针1针放2针。【共5针短针】
第5行：1针锁针，翻面，每针内钩1针短针。【共5针短针】
第6行：1针锁针，翻面，短针1针放2针，3针短针，短针1针放2针。【共7针短针】
8号线断线。

耳朵

8号线5针锁针起针。
第1圈：跳过1针锁针，钩3针短针，最后一针锁针内钩3针短针，翻转织片到起针锁针另一侧，钩3针短针，下一针内钩3针短针。【共12针短针】
第2圈：4针短针，后2针每针内钩2针短针，4针短针，后2针每针内钩2针短针。【共16针】
第3圈：4针短针，1针中长针，后2针每针内钩3针长针，1针中长针，5针。引拔针【共17针】
8号线断线。重复以上步骤共钩织2片"耳朵"。

鼻子

2号线5针锁针起针。
第1圈：跳过1针锁针，钩3针短针，最后一针锁针内钩3针短针，翻转织片到起针锁针另一侧，钩3针短针，下一针内钩3针短针。【共12针短针】
第2圈：4针短针，1针引拔针。【共5针】
2号线断线。

舌头

48号线绕线作环起针。
钩法：在环内钩5针短针，拉紧线环，不要引拔。【共5针短针】
形成一个圆弧。48号线断线。

收尾

将"鼻子"缝在"口鼻部"上。
将"口鼻部"缝在方格相应位置，"鼻部"的顶部应触及方格第5圈的外缘。
使用2号线，在"鼻子"两侧绣上"眼睛"。
将"耳朵"缝在"头部"两侧，将"舌头"也缝在相应位置。

■	10
	20
	8
■	2
	48

方格钩织图

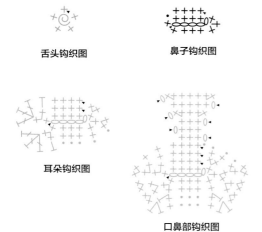

舌头钩织图

鼻子钩织图

耳朵钩织图

口鼻部钩织图

兔子

方格

钩针：2.75mm
5号线绕线作环起针。

第1圈：在环内钩6针短针，引拔成环。【共6针短针】

第2圈：3针锁针，后5针每针内钩3针长针，最后一针内钩2针长针，在起始锁针第3针处引拔。【共18针长针】

第3圈：3针锁针，1针长针，重复钩（1针长针，长针1针放2针）8次，在起始锁针第3针处引拔。【共26针长针】

第4圈：3针锁针，重复钩（长针1针放2针，长针1针放2针，1针长针）8次，最后一针内钩3针长针，在起始锁针第3针处引拔。【共44针长针】

第5圈：3针锁针，重复钩（长针1针放2针，长针1针放2针，2针长针）10次，3针长针，在起始锁针第3针处引拔。【共64针长针】
5号线断线。

在第5圈任意针内加入1号线，钩1针长针的立针。

第6圈：同一针内再钩（2针锁针，1针长长针），*1针长针，2针锁针，2针中长针，5针短针，2针中长针，2针长针，1针长长针，同一针内钩（1针长长针，2针锁针，1针长长针）*，重复*到**3次，最后一次重复时省略（1针长长针，2针锁针，1针长长针），引拔成环。【共68针、4段锁针】

第7圈：在整段锁针内钩（1针引拔针，3针锁针，1针长针，2针锁针，2针长针），*17针长针，在整段锁针内钩（2针长针，2针锁针，2针长针）**，重复*到**3次，最后一次重复时省略（2针长针，2针锁针，2针长针），引拔成环。【共84针长针、4段锁针】
1号线断线。

在第7圈任意段锁针内加入35号线，钩1针短针的立针。

第8圈：同一段锁针内再钩（1针短针，3针锁针，2针短针），*重复钩（1针锁针，跳过1针，1针短针）10次，1针锁针，跳过1针，在整段锁针内钩（2针短针，3针锁针，2针短针）**，重复*到**3次，最后一次重复时省略（2针短针，3针锁针，2针短针），引拔成环。【共56针短针、44针锁针、4段锁针】
35号线断线。

在第8圈任意段锁针内加入1号线，钩1针长针的立针。

第9圈：同一段锁针内再钩（2针长针，3针锁针，3针长针），*在下一段锁针前的每针锁针内钩2针长针，在整段锁针内钩（3针长针，3针锁针，3针长针）**，重复*到**3次，最后一次重复时省略（3针长针，3针锁针，3针长针），引拔成环。【共112针长针、4段锁针】

第10圈：2针锁针，2针中长针，*在整段锁针内钩（2针中长针，2针锁针，2针中长针），28针中长针**，重复*到**3次，最后一次重复时省略最后3针中长针，引拔成环。【共128针中长针、4段锁针】
1号线断线。

耳朵

48号线10针锁针起针。

第1行：在起针锁针倒数第2针处钩1针短针，剩余每针内钩1针短针。【共9针短针】
48号线断线。

在第1行尾端加入5号线。

第2行：1针锁针，翻面，在后8针每针的内侧半针钩1针短针，下一针的内侧半针钩5针长针，跳过转角锁针，在后9针每针的内侧半针钩1针短针。【共22针】

第3行：1针锁针，翻面，在每针内钩1针短针。【共22针短针】
5号线断线。重复以上步骤共钩织2片"耳朵"。

将"耳朵"底部捏起并缝合，并缝在方格第4圈外缘"兔子脸部"两侧，左右相隔约8cm。

口鼻部

3号线5针锁针起针。

第1圈：跳过1针锁针，钩3针短针，最后一针内钩3针短针，翻转织片至起针锁针另一侧，钩3针短针，下一针内钩3针短针。【共12针短针】

第2圈：4针短针，后2针每针内钩2针短针，4针短针，后2针每针内钩2针短针，引拔成环。【共16针短针】
3号线断线。

将"口鼻部"缝在"兔子脸部"，并使用2号线在两侧绣上"眼睛"。

鼻子

48号线绕线作环起针。

钩法：2针短针，2针长针，2针短针，2针长针，引拔成环。【共8针】
48号线断线。

将"鼻子"缝在"口鼻部"上。

领结

34号线12针锁针起针。

第1行：跳过1针锁针，后11针每针内钩1针中长针。【共11针中长针】

第2行：1针锁针，翻面，每针内钩1针中长针。【共11针中长针】

第3-4行：重复第2行的钩织【共11针中长针】
34号线断线。

使用34号线，剪取一段长约30cm的线。将"领结"从中央捏起并用这段线绕数圈定型，在背部固定。

将"领结"缝在"兔子脸部"下方。

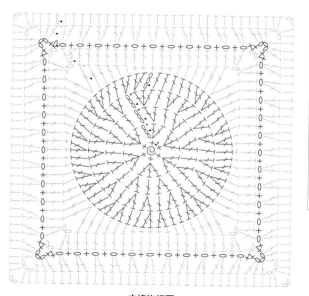

方格钩织图

5	■
1	■
35	■
48	■
34	■
3	□
2	■

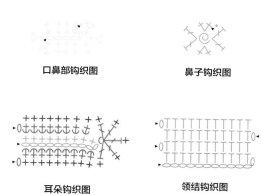

口鼻部钩织图　　　　鼻子钩织图

耳朵钩织图　　　　领结钩织图

奶牛

方格

钩针：2.75mm
10号线绕线作环起针。
第1圈：在环内钩6针短针，引拔成环。【共6针短针】
第2圈：3针锁针，后5针每针内钩3针长针，最后一针内钩2针长针，在起始锁针第3针处引拔。【共18针长针】
第3圈：3针锁针，1针长针，重复钩（1针长针，长针1针放2针）8次，在起始锁针第3针处引拔。【共26针长针】
第4圈：3针锁针，重复钩（长针1针放2针，长针1针放2针，1针长针）8次，最后一针内钩3针长针，在起始锁针第3针处引拔。【共44针长针】
第5圈：3针锁针，重复钩（长针1针放2针，长针1针放2针，2针长针）10次，3针长针，在起始锁针第3针处引拔。【共64针长针】
10号线断线。
在第5圈任意针内加入24号线，钩1针长长针的立针。
第6圈：同一针内再钩（2针锁针，1针长长针），*1针长长针，2针长针，2针中长针，5针短针，2针中长针，2针长针，1针长长针，同一针内钩（1针长长针，2针锁针，1针长长针）*，重复*到**3次，最后一次重复时省略（1针长长针，2针锁针，1针长长针），引拔成环。【共68针、4段锁针】
第7圈：在整段锁针内钩（1针引拔，3针锁针，1针长针，2针锁针，2针长针），*17针长针，在整段锁针内钩（2针长针，2针锁针，2针长针）**，重复*到**3次，最后一次重复时省略（2针长针，2针锁针，2针长针），引拔成环。【共84针长针、4段锁针】
第8圈：3针锁针，1针长针，*在整段锁针内钩（2针长针，3针锁针，2针长针），21针长针**，重复*到**3次，最后一次重复时省略最后2针长针，引拔成环。【共100针长针、4段锁针】
第9圈：3针锁针，3针长针，*在整段锁针内钩（2针长针，3针锁针，2针长针），25针长针**，重复*到**3次，最后一次重复时省略最后4针长针，引拔成环。【共116针长针、4段锁针】
24号线断线。

口鼻部

8号线5针锁针起针。
第1圈：跳过1针锁针，钩3针短针，最后一针内钩3针短针，翻转织片至起始锁针另一侧，钩3针短针，下一针内钩3针短针。【共12针短针】
第2圈：4针短针，后2针每针内钩2针短针，4针短针，后2针每针内钩2针短针。【共16针短针】
第3圈：重复钩（5针短针，后2针每针内钩2针短针）2次，2针短针。【共20针短针】
第4圈：重复钩（8针短针，后2针每针内钩2针短针）2次。【共24针短针】
继续钩织"鼻部"：
第1行：1针锁针，4针短针。【共4针短针】
第2行：1针锁针，翻面，4针短针。

【共4针短针】
第3行：1针锁针，翻面，4针短针。【共4针短针】
第4行：1针锁针，翻面，短针1针放2针，2针短针，短针1针放2针。【共6针短针】
第5行：1针锁针，翻面，每针内钩1针短针。【共6针短针】
第6行：1针锁针，翻面，短针1针放2针，4针短针，短针1针放2针。【共8针短针】
第7行：1针锁针，翻面，每针内钩1针短针。【共8针短针】
第8行：1针锁针，翻面，每针内钩1针短针。【共8针短针】
第9行：1针锁针，翻面，短针2针并1针，4针短针，短针2针并1针。【共6针短针】
第10行：1针锁针，翻面，短针2针并1针，2针短针，短针2针并1针。【共4针短针】
8号线断线。
使用48号线绣上两个"鼻孔"。

牛角

7号线5针锁针起针。
钩法：跳过1针，钩1针短针，后2针每针内钩2针中长针，最后一针内钩1针中长针。【共6针】
7号线断线。重复以上步骤共钩织2只"牛角"。

内耳

48号线绕线作环起针。
第1圈：在环内钩5针短针。【共5针短针】
第2圈：每针内钩2针短针，引拔成环。【共10针短针】
第3圈：*1针短针，短针1针放2针**，重复*到**直到最后，引拔成环。【共15针短针】
48号线断线。重复以上步骤共钩织2片"内耳"。

外耳

10号线绕线作环起针。
第1圈：在环内钩6针短针。【共6针短针】
第2圈：每针内钩2针短针，引拔成环。【共12针短针】
第3圈：*短针1针放2针，1针短针**，重复*到**直到最后，引拔成环。【共18针短针】
第4圈：*2针短针，短针1针放2针**，重复*到**直到最后，引拔成环。【共24针短针】
10号线断线。重复以上步骤共钩织2片"外耳"。

收尾

将"口鼻部"缝在方格上，并使用2号线在两侧绣上"眼睛"。
分别将"内耳"缝在"外耳"上，并将"耳朵"从中间捏起成圆筒状，缝合底边。
将"耳朵"缝在"头部"两侧，"牛角"也缝在相应位置。

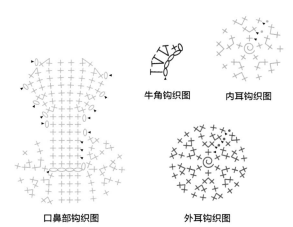

方格钩织图

牛角钩织图　内耳钩织图

口鼻部钩织图　外耳钩织图

▓	10
▒	24
▤	48
░	8
■	7
■	2

动物立方玩具

方格1：猫（见P48）

按照方格"猫"的步骤（第1-5圈），钩织1只完整的"猫"（包含2只"耳朵"）。
按照步骤，钩织1个"口鼻部"和1个"鼻子"，组装并绣上细节。

方格2：狗（见P44）

按照方格"狗"的步骤，钩织第1-5圈。
按照步骤，钩织1个"口鼻部"，1个"鼻子"，1条"舌头"和2只"耳朵"，组装并绣上细节。

方格3：奶牛（见P46）

按照方格"奶牛"的步骤，钩织第1-5圈。
按照步骤，钩织1个"口鼻部"，2只"牛角"和2只"耳朵"，组装并绣上细节。

方格4：企鹅（见P53）

按照方格"企鹅"的步骤，钩织第1-5圈。
按照步骤，钩织2片"鳍"，1只"喙"，2只"脚"，2片"脸颊"和1片"肚腩"，组装并绣上细节。

方格5：螃蟹（见P60）

按照方格"螃蟹"的步骤，钩织第1-5圈，将13号线替换成18号线。
按照步骤，钩织8条"腿"，2只"钳子"，2只"眼睛"和2只"眼柄"，组装并绣上细节。

组装方格1-5

在每片方格的任意针（该针目将成为方格的四个直角之一）内加入以下对应的线，钩1针长针的立针，作为第1圈的第1针：

方格1（猫）：39号线
方格2（狗）：20号线
方格3（奶牛）：27号线
方格4（企鹅）：31号线
方格5（螃蟹）：32号线

第1圈的钩织均在上一圈的外侧半针完成：

第1圈： *在同一针内钩（1针长针，1针长长针，1针长针），3针长针，2针中长针，5针短针，2针中长针，3针长针**，重复*到**3次，引拔成环。【共72针】

第2圈： 3针锁针，*同一针长长针内钩（1针长针，1针长长针，1针长针），17针长针**，重复*到**3次，最后一次

重复时省略最后1针长针，引拔成环。【共80针】

第3圈： 2针锁针，1针中长针，*在同一针长长针内钩（1针中长针，1针长针，1针长长针，1针长针，1针中长针），19针中长针**，重复*到**3次，最后一次重复时省略最后2针中长针，引拔成环。【共96针】
断线。

方格6：绵羊（见P38）

按照方格"绵羊"的步骤，钩织第1-6圈。在第6圈任意段锁针内加入28号线，钩1针短针的立针。第7圈的钩织在锁针段及爆米花针顶部完成：

第7圈： *同一段锁针内钩（1针长针，1针长长针，1针长针），在爆米花针内钩2针长针，在整段锁针内钩1针长针，在爆米花针内钩2针中长针，5针短针，在爆米花针内钩2针中长针，在整段锁针内钩1针长针，在爆米花针内钩2针长针**，重复*到**3次，引拔成环。【共72针】

第8圈： 3针锁针，*在同一针长长针内钩（1针长针，1针长长针，1针长针），17针长针**，重复*到**3次，最后一次重复时省略最后1针长针，引拔成环。【共80针】

第9圈： 2针锁针，1针中长针，*在同一针长长针内钩（1针中长针，1针长针，1针长长针，1针长针，1针中长针），19针中长针**，重复*到**3次，最后一次重复时省略最后2针中长针，引拔成环。【共96针】
28号线断线。
按照"绵羊"的步骤，钩织2条"腿"和2只"耳朵"，组装并绣上细节。

收尾

将2片方格对齐，反面相对，同时穿过两片方格角落上的长长针，加入1号线，钩1针短针的立针。

钩法： 同时穿过两片方格，沿着一条边的每针内钩1针短针，直到另一边角落长长针前的长针。【共24针】
1号线断线。重复以上步骤将4片方格缝合成一个立体方形环。
在方形环上部加入另一片方格，使用1号线，以短针缝合。在立方体内填入泡沫方块，再以同样方法缝合最后一片方格。

39	
20	
27	
1	
31	
18	
32	
28	

■	5
■	42
□	3
▨	48
■	2
■	7

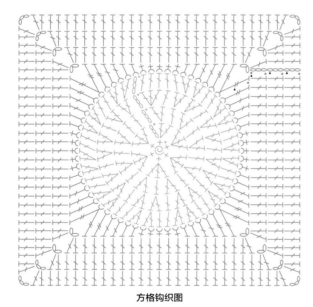

方格钩织图

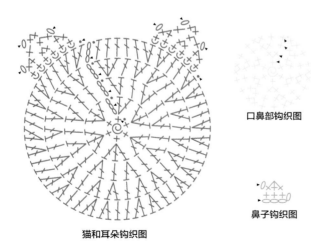

猫和耳朵钩织图

口鼻部钩织图

鼻子钩织图

猫

猫

钩针: 2.75mm
5号线绕线作环起针。
第1圈: 在环内钩6针短针,引拔成环。【共6针短针】
第2圈: 3针锁针,后5针每针内侧钩3针长针,最后一针内钩2针长针,在起始锁针第3针处引拔。【共18针长针】
第3圈: 3针锁针,1针长针,重复钩(1针长针,长针1针放2针)8次,在起始锁针第3针处引拔。【共26针长针】
第4圈: 3针锁针,重复钩(长针1针放2针,长针1针放2针,1针长针)8次,最后一针内钩3针长针,在起始锁针第3针处引拔。【共44针长针】
第5圈: 3针锁针,重复钩(长针1针放2针,长针1针放2针,2针长针)10次,3针长针,在起始锁针第3针处引拔。【共64针长针】
5号线断线。

第一只耳朵

在第5圈任意针内加入5号线,钩1针引拔针。
第1行: 在内侧半针钩6针短针。【共6针短针】
第2行: 1针锁针,翻面,钩3针短针2针并1针。【共3针短针】
第3行: 1针锁针,翻面,短针2并1针,1针短针。【共2针短针】
第4行: 1针锁针,翻面,短针2针并1针。【共1针短针】
5号线断线。

第二只耳朵

在第5圈与"第一只耳朵"相隔8针的针目上加入5号线,钩1针引拔针。
重复"第一只耳朵"的步骤,钩织"第二只耳朵"。
5号线断线。

方格

在"第一只耳朵"底边第2针的外侧半针加入42号线,钩1针长针的立针。第6圈的钩织均在第5圈的外侧半针完成:
第6圈: 同一针内再钩(2针锁针,1针长长针),*1针长针,2针长针,2针中长针,5针短针,2针中长针,2针长针,1针长长针,同一针内钩(1针长长针,2针锁针,1针长长针)

,重复*到3次,最后一次重复时省略(1针长长针,2针锁针,1针长长针),引拔成环。【共68针、4段锁针】
第7圈: 在整段锁针内钩(1针引拔针,3针锁针,1针长针,2针锁针,2针长针),*17针长针,在整段锁针内钩(2针长针,2针锁针,2针长针)**,重复*到**3次,最后一次重复时省略(2针长针,2针锁针,2针长针),引拔成环。【共84针长针、4段锁针】
第8圈: 3针锁针,1针长针,*在整段锁针内钩(2针长针,3针锁针,2针长针),21针长针**,重复*到**3次,最后一次重复时省略最后2针长针,引拔成环。【共100针长针、4段锁针】
第9圈: 3针锁针,3针长针,*在整段锁针内钩(2针长针,3针锁针,2针长针),25针长针**,重复*到**3次,最后一次重复时省略最后4针长针,引拔成环。【共116针长针、4段锁针】
42号线断线。

口鼻部

3号线绕线作环起针。
第1圈: 在环内钩6针短针。【共6针短针】
第2圈: 每针内钩2针短针。【共12针短针】
第3圈: *1针短针,短针1针放2针**,重复*到**直到最后。【共18针短针】
第4圈: *2针短针,短针1针放2针**,重复*到**直到最后,引拔成环。【共24针短针】
3号线断线。

鼻子

48号线4针锁针起针。
第1行: 在起针锁针倒数第2针处钩1针短针,2针短针。【共3针短针】
第2行: 1针锁针,翻面,短针3针并1针。【共1针短针】
48号线断线。
将"鼻子"缝在"口鼻部"上。

收尾

将"口鼻部"缝在"脸部"中央。
使用2号线,绣上"眼睛"。
使用48号线,绣上"嘴"和"耳朵"。
使用7号线,在"口鼻部"两侧分别绣上3根"胡须"。

猫头鹰

方格

钩针：4mm

44号线绕线作环起针。

第1圈： 3针锁针，在环内钩11针长针，引拔成环。【共12针长针】

第2圈： 3针锁针，同一针内再钩1针长针，每针内钩2针长针，引拔成环。【共24针长针】

44号线断线。

在第2圈任意针内加入5号线。

第3圈： 3针锁针，同一针内钩1针长针，1针长针，*长针1针放2针，1针长针**，重复*到**直到最后，引拔成环。【共36针长针】

5号线断线。

在第3圈任意针内加入11号线。

第4圈的钩织均在第3圈的外侧半针完成：

第4圈： 3针锁针，同一针内再钩1针长针，2针锁针，长针1针放2针，2针中长针，3针短针，2针中长针，*长针1针放2针，2针锁针，长针1针放2针，2针中长针，3针短针，2针中长针**，重复*到**2次，在起始锁针第3针处引拔，下一针再钩1针引拔针，在整段锁针内再钩1针引拔针。【共16针长针、16针中长针、12针短针、4段锁针】

第5圈： 在整段锁针内钩（3针锁针，1针长针，2针锁针，2针长针），在下一段锁针前的每针内钩1针长针，*在整段锁针内钩（2针长针，2针锁针，2针长针），在下一段锁针前的每针内钩1针长针**，重复*到**2次，直到起始锁针处，在起始锁针第3针处引拔，再钩1针引拔针，在整段锁针内再钩1针引拔。【共60针长针、4段锁针】

第6-7圈： 重复第5圈的钩织。【共92针长针、4段锁针】

11号线断线。

在第7圈任意针内加入44号线。

第8圈： 1针锁针，*在整段锁针前的每针内钩1针短针，在整段锁针内钩（1针短针，1针锁针，1针短针）**，重复*到**3次，剩余每针内钩1针短针，引拔成环。【共100针短针、4针锁针】

44号线断线。

耳朵

在第3圈倒数第4针的内侧半针加入5号线，钩1针短针的立针。第1行的钩织均在第3圈的内侧半针完成：

钩法： 1针短针，长针1针放3针，5针短针，长针1针放3针，2针短针。【共15针】

5号线断线。

眼睛

2号线2针锁针起针。

第1圈： 在起针锁针倒数第2针钩6针短针，引拔成环。【共6针短针】

2号线断线。

在第1圈任意针内加入1号线。

第2圈： 每针内钩2针短针，引拔成环。【共12针短针】

1号线断线。

重复以上步骤共钩织2只"眼睛"。如图，将"眼睛"缝在"猫头鹰脸部"。

收尾

使用22号线，在"猫头鹰脸部"绣上"喙"，并在"猫头鹰身体"底部绣上"脚"。

使用44号线，在"耳朵"顶部中央的长针处，分别系上1条"流苏"。

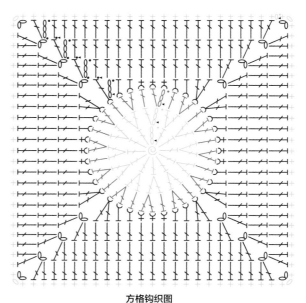

44	
5	
11	
2	
22	
1	

方格钩织图

眼睛钩织图

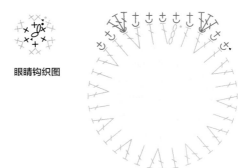

耳朵钩织图

鸡

方格

钩针：4mm

21号线2针锁针起针。

第1圈： 在起针锁针倒数第2针钩6针短针，引拔成环。【共6针短针】

第2-3圈： 1针锁针，每针内钩1针短针，引拔成环。【共6针短针】

第4圈： 1针锁针，每针内钩2针短针，引拔成环。【共12针短针】21号线断线。

在第4圈任意针内加入1号线。

第5圈： 3针锁针，同一针内再钩1针长针，*1针长针，长针1针放2针**，重复*到**直到最后一针，在最后一针内钩1针长针，引拔成环。【共18针长针】

第6圈： 3针锁针，同一针内再钩1针长针，*2针长针，长针1针放2针**，重复*到**直到倒数第3针，最后2针每针内各钩1针长针，引拔成环。【共24针长针】

第7圈： 3针锁针，同一针内再钩1针长针，*3针长针，长针1针放2针**，重复*到**直到倒数第4针，最后3针每针内钩1针长针，引拔成环。【共30针长针】

第8圈： 3针锁针，同一针内再钩1针长针，*4针长针，长针1针放2针**，重复*到**直到倒数第5针，最后4针每针内钩1针长针，引拔成环。【共36针长针】1号线断线。

在第8圈任意针内加入9号线。

第9圈的钩织均在第8圈的外侧半针完成：

第9圈： 3针锁针，同一针内再钩1针长针，2针锁针，长针1针放2针，2针中长针，3针短针，2针中长针，*长针1针放2针，2针锁针，长针1针放2针，2针中长针，3针短针，2针中长针**，重复*到**2次，在起始锁针第3针处引拔。【共16针长针、16针中长针、12针短针、4段锁针】

第10圈： 1针引拔针，在整段锁针内钩（1针引拔针，3针锁针，1针长针，2针锁针，2针长针），在下一段锁针前的每针内钩1针长针，*在整段锁针内钩（2针长针，2针锁针，2针长针），在下一段锁针前的每针内钩1针长针**，重复*到**2次，直到起始锁针处，在起始锁针第3针处引拔，再钩1针引拔针，在整段锁针内再钩1针引拔针。【共60针长针、4段锁针】

第11-12圈： 重复第10圈的钩织。【共92针长针、4段锁针】9号线断线。

鸡冠

在第8圈与开始处3针锁针位于同一针内的长针的内侧半针处，加入14号线。以下钩织均在第8圈的内侧半针完成：

钩法： 1针短针，长针1针放5针，1针短针，长针1针放7针，1针短针，长针1针放5针，1针短针。【共17针长针、4针短针】14号线断线。

鸡爪

在第8圈左下角向前数3针的内侧半针处，加入14号线。以下钩织均在第8圈的内侧半针完成：

钩法： 1针短针，长针1针放3针，1针短针，长针1针放3针，1针短针。【共6针长针、3针短针】14号线断线。

收尾

如图，使用2号线，在第6圈"鸡喙"两侧各钩织1个泡泡针，作为"眼睛"。

21	
1	
9	
14	
2	

方格钩织图

鸡冠和鸡爪钩织图

熊

熊

钩针：4mm
10号线绕线作环起针。
第1圈：3针锁针，在环内钩11针长针，在起始锁针第3针处引拔。【共12针长针】
第2圈：3针锁针，同一针内再钩1针长针，重复钩（长针1针放2针）11次，在起始锁针第3针处引拔。【共24针长针】
第3圈：3针锁针，同一针内再钩1针长针，1针长针，重复钩（长针1针放2针，1针长针）11次，在起始锁针第3针处引拔。【共36针长针】
第4圈：1针锁针，短针1针放2针，2针短针，重复钩（短针1针放2针，2针短针）11次。【共48针短针】
第5圈的钩织均在第4圈的内侧半针完成：
第5圈：4针引拔针，跳过1针，短针1针放6针，跳过1针，8针引拔针，跳过1针，长针1针放6针，跳过1针，30针引拔针。【共12针长针、42针引拔针】
10号线断线。

方格

在第4圈第5针的外侧半针加入48号线，钩1针长长针的立针。
第6圈的钩织均在第4圈的外侧半针完成：
第6圈：同一针内再钩1针长长针，2针锁针，长长针1针放2针，1针长针，2针中长针，4针短针，2针中长针，1针长针，*长长针1针放2针，2针锁针，长长针1针放2针，1针长针，2针中长针，4针短针，2针中长针，1针长针**，重复*到**2次，在起始长长针处引拔。【共16针长长针、8针长针、16针中长针、16针短针、4段锁针】
第7圈：1针引拔针，在整段锁针内钩（1针引拔针，3针锁针，1针长针，2针锁针，2针长针），14针长针，*整段锁针内钩（2针长针，2针锁针，2针长针），14针长针**，重复*到**2次，在起始锁针第3针处引拔。【共72针长针、4段锁针】
第8圈：1针引拔针，在整段锁针内钩（1针引拔针，3针锁针，1针长针，2针锁针，2针长针），18针长针，*整段锁针内钩（2针长针，2针锁针，2针长针），18针长针**，重复*到**2次，在起始锁针第3针处引拔。【共88针长针、4段锁针】
第9圈：1针引拔针，在整段锁针内钩引拔针，1针锁针，*继续在整段锁针内钩（1针短针，2针锁针，1针短针），22针短针**，重复*到**2次。【共96针短针、4段锁针】
48号线断线。
在第9圈任意段锁针内加入1号线。
第10圈：1针锁针，*整段锁针内钩（1针短针，2针锁针，1针短针），24针短针**，重复*到**3次。【共104针短针、4段锁针】
1号线断线。

内耳

钩针：3.5mm
9号线绕线作环起针。
钩法：在环内钩3针短针。【共3针短针】
9号线断线。重复以上步骤共钩织2片"内耳"。
将"内耳"缝在"耳朵"上。

口鼻部

钩针：3.5mm
9号线绕线作环起针。
第1圈：在环内钩6针短针。【共6针短针】
第2圈：每针内钩2针短针。【共12针短针】
第3圈：1针短针，短针1针放3针，5针短针，短针1针放3针，4针短针。【共16针短针】
第4圈：2针短针，短针1针放3针，7针短针，短针1针放3针，5针短针。【共20针短针】
9号线断线。

鼻子

钩针：3.5mm
2号线绕线作环起针。
钩法：在环内钩6针短针。【共6针短针】
2号线断线。

收尾

将"鼻子"缝在"口鼻部"上，再缝在方格上。
如图，使用2号线，在"脸部"绣上"眼睛"和"嘴"。

野生动物

10	
48	
1	
9	
2	

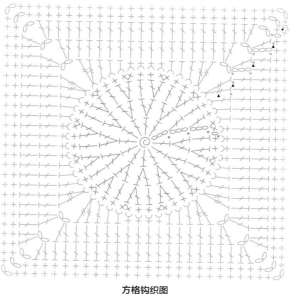

方格钩织图

口鼻部钩织图　　内耳钩织图　　鼻子钩织图

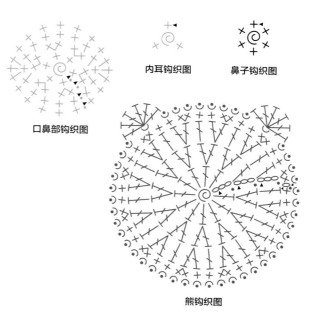

熊钩织图

火烈鸟

方格

钩针：2.75mm
45号线绕线作环起针。
第1圈： 在环内钩6针短针，引拔成环。【共6针短针】
第2圈： 3针锁针，后5针每针内钩3针长针，最后一针内钩2针长针，在起始锁针第3针处引拔。【共18针长针】
第3圈： 3针锁针，1针长针，重复钩（1针长针，长针1针放2针）8次，在起始锁针第3针处引拔。【共26针长针】
45号线断线。
在第3圈任意针内加入27号线，钩1针长针的立针。第4圈的钩织均在第3圈的外侧半针完成：
第4圈： 重复钩（长针1针放2针，长针1针放2针，1针长针）8次，最后一针内钩3针长针，引拔成环。【共44针长针】
27号线断线。
在第4圈任意针内加入21号线，钩1针长针的立针。
第5圈： 重复钩（长针1针放2针，长针1针放2针，2针长针）10次，3针长针，引拔成环。【共64针长针】
21号线断线。
在第5圈任意针内加入32号线，钩1针长针的立针。
第6圈： 同一针内再钩（2针锁针，1针长长针），*1针长长针，2针长针，2针中长针，5针短针，2针中长针，2针长针，1针长长针，同一针内钩（1针长长针，2针锁针，1针长长针）*，重复*到**3次，最后一次重复时省略（1针长长针，2针锁针，1针长长针），引拔成环。【共68针、4段锁针】
第7圈： 在整段锁针内钩（1针引拔，钩3针锁针，1针长针，2针锁针，2针长针），*17针长针，在整段锁针内钩（2针长针，2针锁针，2针长针）**，重复*到**3次，最后一次重复时省略（2针长针，2针锁针，2针长针），引拔成环。【共84针长针、4段锁针】
第8圈： 3针锁针，1针长针，*在整段锁针内钩（2针长针，3针锁针，2针长针），21针长针**，重复*到**3次，最后一次重复时省略最后2针长针，引拔成环。【共100针长针、4段锁针】
第9圈： 3针锁针，3针长针，*在整段锁针内钩（2针长针，3针锁针，2针长针），25针长针**，重复*到**3次，最后一次重复时省略最后4针长针，引拔成环。【共116针长针、4段锁针】
32号线断线。

头和颈

45号线14针锁针起针。
钩法： 在起针锁针倒数第2针处钩1针短针，11针短针，最后一针内钩7针长针，形成"头部"，在起始锁针另一侧的锁针处引拔。【共20针】
45号线断线。

喙

2号线5针锁针起针。
钩法： 在起针锁针倒数第2针处引拔，跳过1针，钩1针短针，1针中长针。【共3针】
2号线断线。
将"喙"缝在"火烈鸟头部"。

翅膀

45号线绕线作环起针。
第1圈： 在环内钩6针短针，引拔成环。【共6针短针】
第2圈： 每针内钩2针短针，引拔成环。【共12针】
第3圈： 1针中长针，下一针内钩（1针中长针，1针长针），长针1针放2针，更换成48号线，1针狗牙针，长针1针放2针，下一针内钩（1针长针，1针中长针），1针引拔针。【共15针，包含1针狗牙针】
45号线和48号线断线。

直立的腿

45号线12针锁针起针。
钩法： 在起针锁针倒数第2针处引拔，剩余10针内各钩1针引拔针，钩2针锁针，形成"足部"。【共11针引拔针、2针锁针】
45号线断线。

弯曲的腿

45号线11针锁针起针。
钩法： 在起针锁针倒数第2针处引拔，2针引拔针，跳过2针，5针引拔针。【共8针引拔针】
45号线断线。

收尾

使用1号线，在"喙"和"头部"的连接处卷针缝出一条线。
使用2号线，在"头部"绣上"眼睛"。
将"头和颈"缝在方格上，保持"颈部"有一定弯曲度。
将"直立的腿"缝在相应位置，再将"弯曲的腿"缝在旁边，"足尖"缝在"直立的腿"下半部。
将"翅膀"缝在相应位置，"翅尖"不缝合。

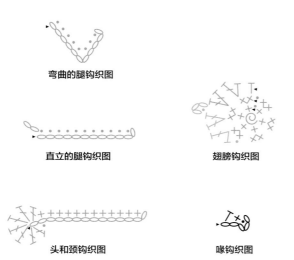

方格钩织图

弯曲的腿钩织图

直立的腿钩织图

翅膀钩织图

头和颈钩织图

喙钩织图

图例：
45
27
21
32
2
48
1

企鹅

方格

钩针：2.75mm
6号线绕线作环起针。
第1圈： 在环内钩6针短针，引拔成环。【共6针短针】
第2圈： 3针锁针，后5针每针内钩3针长针，最后一针内钩2针长针，在起始锁针第3针处引拔。【共18针长针】
第3圈： 3针锁针，1针长针，重复钩（1针长针，长针1针放2针）8次，在起始锁针第3针处引拔。【共26针长针】
第4圈： 3针锁针，重复钩（长针1针放2针，长针1针放2针，1针长针）8次，最后一针内钩3针长针，在起始锁针第3针处引拔。【共44针长针】
第5圈： 3针锁针，重复钩（长针1针放2针，长针1针放2针，2针长针）10次，3针长针，在起始锁针第3针处引拔。【共64针长针】
6号线断线。
在第5圈任意针内加入34号线，钩1针长长针的立针。
第6圈： 同一针内再钩（2针锁针，1针长长针），*1针长长针，2针长针，2针中长针，5针短针，2针中长针，2针长针，1针长长针，同一针内钩（1针长长针，2针锁针，1针长长针）*，重复*到**3次，最后一次重复时省略（1针长长针，2针锁针，1针长长针），引拔成环。【共68针、4段钩针】
第7圈： 在整段锁针内钩（1针引拔针，3针锁针，1针长针，2针锁针，2针长针），*17针长针，在整段锁针内钩（2针锁针，2针锁针，2针长针）**，重复*到**3次，最后一次重复时省略（2针锁针，2针锁针，2针长针），引拔成环。【共84针长针、4段锁针】
第8圈： 3针锁针，1针长针，*在整段锁针内钩（2针锁针，3针锁针，2针长针），21针长针**，重复*到**3次，最后一次重复时省略最后2针长针，引拔成环。【共100针长针、4段锁针】
第9圈： 3针锁针，3针长针，*在整段锁针内钩（2针锁针，3针锁针，2针长针），25针长针**，重复*到**3次，最后一次重复时省略最后4针长针，引拔成环。【共116针长针、4段锁针】
34号线断线。

肚腩

1号线绕线作环起针。
第1圈： 在环内钩6针短针。【共6针短针】
第2圈： 每针内钩2针短针。【共12针短针】
第3圈： *1针短针，短针1针放2针**，重复*到**直到最后。【共18针短针】
第4圈： *短针1针放2针，2针短针**，重复*到**直到最后。【共24针短针】
第5圈： *3针短针，短针1针放2针**，重复*到**直到最后。【共30针短针】
第6圈： *短针1针放2针，4针短针**，重复*到**直到最后。【共36针短针】
1号线断线。

鳍

6号线绕线作环起针。
第1圈： 在环内钩5针短针。【共5针短针】
第2圈： 每针内钩2针短针。【共10针短针】
第3圈： *1针短针，短针1针放2针**，重复*到**直到最后。【共15针短针】
第4圈： *短针1针放2针，2针短针**，重复*到**直到最后。【共20针短针】
第5圈： 1针锁针，将圆形织片对折成半圆，沿着半圆形的每针内钩1针短针【共10针短针】
6号线断线。重复以上步骤共钩织2片"鳍"。

脸颊

44号线绕线作环起针。
钩法： 在环内钩5针短针，引拔1针成环。【共5针短针】
44号线断线。重复以上步骤共钩织2片"脸颊"。

喙和脚

22号线3针锁针起针。
钩法： 跳过1针，钩1针短针，短针1针放2针。【共3针短针】
22号线断线。重复以上步骤共钩织3片（1只"喙"和2只"脚"）。

收尾

将"肚腩"缝在方格上，顶部触及第2圈外缘，底部触及第5圈外缘。将"喙"缝在相应位置，"脸颊"缝在两侧。
使用2号线，在"脸颊"两侧绣上"眼睛"。
将2只"脚"并排缝在"肚腩"下方。将2片"鳍"缝在"肚腩"两侧。

6	
34	
1	
44	
22	
2	

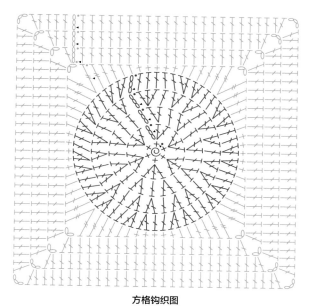

方格钩织图

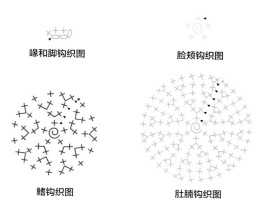

喙和脚钩织图

脸颊钩织图

鳍钩织图

肚腩钩织图

狮子

方格钩织图

耳朵钩织图

鼻子钩织图

脸颊钩织图

狮子钩织图

狮子

钩针：4mm
22号线绕线作环起针。
第1圈：3针锁针，在环内钩11针长针，在起始锁针第3针处引拔。【共12针长针】
第2圈：3针锁针，同一针内再钩1针长针，重复钩（长针1针放2针）11次，在起始锁针第3针处引拔。【共24针长针】
第3圈：3针锁针，同一针内再钩1针长针，1针长针，重复钩（长针1针放2针，1针长针）11次，在起始锁针第3针处引拔。【共36针长针】
第4圈：1针锁针，短针1针放2针，2针短针，重复钩（短针1针放2针，2针短针）11次。【共48针短针】
22号线断线。
在第4圈任意针内加入17号线。
第5圈的钩织均在第4圈的内侧半针完成：
第5圈：1针引拔针，跳过1针，长针1针放5针，跳过1针，重复钩（1针引拔针，跳过1针，长针1针放5针，跳过1针）11次。【共60针长针、12针引拔针】
17号线断线。

方格

在第4圈第6针的外侧半针加入1号线，钩1针长针的立针。第6圈的钩织均在第4圈的外侧半针完成：
第6圈：同一针内再钩1针长针，2针锁针，长针1针放2针，1针长针，2针中长针，4针短针，2针中长针，1针长针，*长长针1针放2针，2针锁针，长长针1针放2针，1针长针，2针中长针，4针短针，2针中长针，1针长针**，重复*到**2次，在起始长长针处引拔。【共16针长长针、8针长针、16针中长针、16针短针、4段锁针】
第7圈：1针引拔针，在整段锁针内钩（1针引拔针，3针锁针，1针长针，2针锁针，2针长针），14针长针，*整段锁针内钩（2针长针，2针锁针，2针长针），14针长针**，重复*到**2次，在起始锁针第3针处引拔。【共72针长针、4段锁针】
第8圈：1针引拔针，在整段锁针内钩（1针引拔针，3针锁针，1针长针，2针锁针，2针

长针），18针长针，*整段锁针内钩（2针长针，2针锁针，2针长针），18针长针**，重复*到**2次，在起始锁针第3针处引拔。【共88针长针、4段锁针】
第9圈：1针引拔针，在整段锁针内钩1针引拔针，1针锁针，*整段锁针内继续钩（1针短针，2针锁针，1针短针），22针短针**，重复*到**2次。【共96针短针、4段锁针】
1号线断线。
在第9圈任意锁针段内加入17号线。
第10圈：1针锁针，*在整段锁针内钩（1针短针，2针锁针，1针短针），24针短针**，重复*到**3次。【共104针短针、4段锁针】
17号线断线。

鼻子

钩针：3.5mm
11号线绕线作环起针。
钩法：1针锁针，在环内钩6针短针。【共6针短针】
11号线断线。
将"鼻子"缝在方格中央。
使用2号线，在"鼻子"上方两侧绣上"眼睛"。

耳朵

钩针：3.5mm
17号线绕线作环起针。第1行的钩织在织片反面完成：
第1行：1针锁针，在环内钩4针短针，翻面。【共4针短针】
17号线断线。加入22号线。
第2行：2针锁针，同一针内再钩1针中长针，剩余每针内钩2针中长针。【共8针中长针】
22号线断线。重复以上步骤共钩织2只"耳朵"。
轻微卷起"耳朵"，并缝在相应位置。

脸颊

钩针：3.5mm
1号线5针锁针起针。
钩法：在起针锁针倒数第3针内钩长针3针并1针，1针短针，下一针内钩1针泡泡针。【共2针泡泡针、1针短针】
1号线断线。
将"脸颊"缝在方格上。
使用11号线，在"鼻子"和"脸颊"处绣上"嘴巴"。

狐狸

狐狸

钩针：4mm

12号线绕线作环起针。

第1圈：3针锁针，在环内钩11针长针，在起始锁针第3针处引拔。【共12针长针】

第2圈：3针锁针，同一针内再钩1针长针，重复钩（长针1针放2针）11次，在起始锁针第3针处引拔。【共24针长针】

第3圈：3针锁针，同一针内再钩1针长针，1针长针，重复钩（长针1针放2针，1针长针）11次，在起始锁针第3针处引拔。【共36针长针】

第4圈：1针锁针，短针1针放2针，2针短针，重复钩（短针1针放2针，2针短针）11次。【共48针短针】

第5圈的钩织均在第4圈的内侧半针完成：

第5圈：钩8针引拔针（在第3针引拔针处放置记号扣），2针短针，1针中长针，同一针内钩（1针中长针，1针长针），1针锁针，同一针内钩（1针长针，1针中长针），1针中长针，2针短针，16针引拔针，2针短针，1针中长针，同一针内钩（1针中长针，1针长针），1针锁针，同一针内钩（1针长针，1针中长针），1针中长针，2针短针，8针引拔针（在第1针引拔针处放置记号扣）。【共4针长针、8针中长针、8针短针、32针引拔针、2针锁针】

12号线断线。

耳朵

在第5圈其中一个记号扣处加入12号线。第1行的钩织均在第5圈上完成：

第1行：同一针内再钩1针短针，5针短针，翻面。【共6针短针】

第2行：1针锁针，短针2针并1针，2针短针，短针2针并1针，翻面。【共2针短针2针并1针、2针短针】

第3行：1针锁针，钩（短针2针并1针）2次，更换成2号线，翻面。【共2针短针2针并1针】

第4行的钩织在织片反面完成：

第4行：1针锁针，短针2针并1针，翻面。【共1针短针2针并1针】

第5行：1针锁针，1针短针。【共1针短针】

12号线和2号线断线。

在第5圈另一个记号扣处重复以上步骤，钩织第2只"耳朵"。

方格

在第4圈第6针的外侧半针加入27号线。第6圈的钩织均在第4圈的外侧半针完成：

第6圈：同一针内钩2针长针，2针锁针，长长针1针放2针，1针长针，2针中长针，4针短针，2针中长针，1针长针，*长长针1针放2针，2针锁针，长长针1针放2针，1针长针，2针中长针，4针短针，2针中长针，1针长针**，重复*到**2次，在起始长针长针处引拔。【共16针长针长针、8针长针、16针中长针、16针短针、4段锁针】

第7圈：1针引拔针，在整段锁针内钩（1针引拔针，3针锁针，1针长针，2针锁针，2针长针），14针长针，*整段锁针内钩（2针长针，2针锁针，2针长针），14针长针**，重复*到**2次，在起始锁针第3针处引拔。【共72针长针、4段锁针】

第8圈：1针引拔针，在整段锁针内钩（1针引拔针，3针锁针，1针长针，2针锁针，2针长针），18针长针，*整段锁针内钩（2针长针，2针锁针，2针长针），18针长针**，重复*到**2次，在起始锁针第3针处引拔。【共88针长针、4段锁针】

第9圈：1针引拔针，在整段锁针内钩1针引拔针，1针锁针，*整段锁针内继续钩（1针短针，2针锁针，1针短针**，22针短针，重复*到**2次。【共96针短针、4段锁针】

27号线断线。

在第9圈任意锁针段内加入1号线。

第10圈：1针锁针，*在整段锁针内钩（1针短针，2针锁针，1针短针），24针短针**，重复*到**3次。【共104针短针、4段锁针】

1号线断线。

脸颊

钩针：3.5mm

19号线绕线作环起针。

第1行：3针锁针，在环内钩6针长针，翻面。【共7针长针】

第2行的钩织在织片反面完成：

第2行：3针锁针，同一针内再钩1针长针，*1针长针，长针1针放2针**，重复*到**2次，翻面。【共11针长针】

第3行：2针锁针，同一针内再钩1针中长针，*1针中长针，中长针1针放2针**，重复*到**4次。【共17针中长针】

19号线断线。重复以上步骤共钩织2片"脸颊"。

将"脸颊"缝在"狐狸脸部"上。

鼻子

钩针：3.5mm

2号线4针锁针起针。

钩法：在起针锁针倒数第2针内钩4针长针，将钩针从线圈中抽出，再由前往后插入起针锁针第3针处，重新挂上线圈并拉紧，钩1针锁针。【共1针爆米花针】

2号线断线。

将"鼻子"缝在方格上。

使用2号线，绣上"眼睛"。

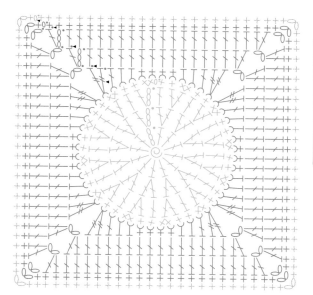

12	
27	
1	
19	
2	

方格钩织图

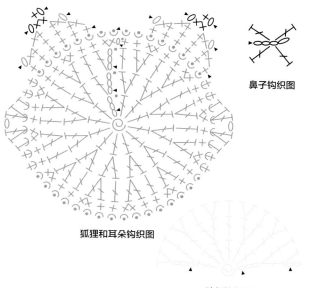

鼻子钩织图

狐狸和耳朵钩织图

脸颊钩织图

熊猫

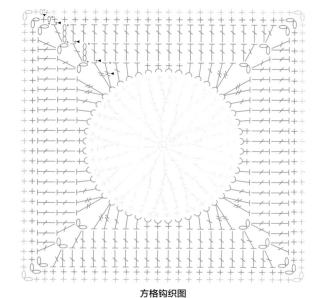

方格钩织图

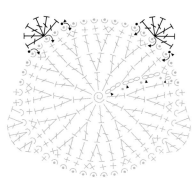

熊猫和耳朵钩织图

眼圈钩织图

图例:
- 1
- 31
- 2

熊猫

钩针: 4mm
1号线绕线作环起针。

第1圈: 3针锁针,在环内钩11针长针,在起始锁针第3针处引拔。【共12针长针】

第2圈: 3针锁针,同一针内再钩1针长针,重复钩(长针1针放2针)11次,在起始锁针第3针处引拔。【共24针长针】

第3圈: 3针锁针,同一针内再钩1针长针,1针长针,重复钩(长针1针放2针,1针长针)11次,在起始锁针第3针处引拔。【共36针长针】

第4圈: 1针锁针,短针1针放2针,2针短针,重复钩(短针1针放2针,2针短针)11次。【共48针短针】

第5圈的钩织均在第4圈的内侧半针完成:

第5圈: 钩21针引拔针,2针短针,1针中长针,同一针内钩(1针中长针,1针长针),长针1针放2针,同一针内钩(1针长针,1针中长针),2针短针,10针引拔针,2针短针,同一针内钩(1针中长针,1针长针),长针1针放2针,同一针内钩(1针长针,1针中长针),1针中长针,2针短针,1针引拔针。【共8针长针、6针中长针、8针短针、32针引拔针】

1号线断线。

耳朵

在第4圈第3针处加入2号线。

钩法: 在这针内钩1针引拔针,跳过1针,长针1针放6针,跳过1针,1针引拔针,2号线断线,跳过6针,重新加入2号线,1针引拔针,跳过1针,长针1针放6针,跳过1针,1针引拔针。【共12针长针、4针引拔针】
2号线断线。

方格

在第4圈第16针的外侧半针加入31号线,钩1针长长针的立针。
第6圈的钩织均在第4圈的外侧半针完成:

第6圈: 同一针内再钩1针长针,2针锁针,长长针1针放2针,1针长针,2针中长针,4针短针,2针中长针,1针长针,*长长针1针放2针,2针锁针,长长针1针放2针,1针长针,

2针中长针,4针短针,2针中长针,1针长针**,重复*到**2次,在起始长长针处引拔。【共16针长长针、8针长针、16针中长针、16针短针、4段锁针】

第7圈: 1针引拔针,在整段锁针内钩(1针引拔针,3针锁针,1针长针,2针锁针,2针长针),14针长针,*整段锁针内钩(2针长针,2针锁针,2针长针),14针长针**,重复*到**2次,在起始锁针第3针处引拔。【共72针长针、4段锁针】

第8圈: 1针引拔针,在整段锁针内钩(1针引拔针,3针锁针,1针长针,2针锁针,2针长针),18针长针,*整段锁针内钩(2针长针,2针锁针,2针长针),18针长针**,重复*到**2次,在起始锁针第3针处引拔。【共88针长针、4段锁针】

第9圈: 1针引拔针,在整段锁针内钩1针引拔针,1针锁针,*整段锁针内继续钩(1针短针,2针锁针,1针短针),22针短针**,重复*到**2次。【共96针短针、4段锁针】

31号线断线。

在第9圈任意锁针段内加入1号线。

第10圈: 1针锁针,*在整段锁针内钩(1针短针,2针锁针,1针短针),24针短针**,重复*到**3次。【共104针短针、4段锁针】

1号线断线。

眼圈

钩针: 3mm
2号线2针锁针起针。

第1圈: 在起针锁针倒数第2针处钩6针短针。【共6针短针】

第2圈: 1针引拔针,1针短针,同一针内钩(1针中长针,1针长针),同一针内钩(1针长针,1针中长针),1针短针,1针引拔针。【共8针】

2号线断线。重复以上步骤共钩织2个"眼圈"。

使用1号线,在"眼圈"内绣上"瞳孔"。

将"眼圈"缝在"熊猫脸部"。

使用2号线,在"眼圈"下方绣上"鼻子"和"嘴"。

水母

水母

钩针：2.75mm
48号线绕线作环起针。

第1圈：在环内钩6针短针，引拔成环。【共6针短针】

第2圈：3针锁针，后5针每针内钩3针长针，长针1针放2针，引拔成环。【共18针长针】

第3圈：3针锁针，1针长针，重复钩（1针长针，长针1针放2针）8次，引拔成环。【共26针长针】

第4圈：3针锁针，重复钩（长针1针放2针，长针1针放2针，1针长针）8次，长针1针放3针，引拔成环。【共44针长针】
48号线断线。
在第4圈任意针的内侧半针内加入39号线，钩1针长针的立针。第5圈的钩织均在第4圈的内侧半针完成：

第5圈：同一针内再钩2针长针，后11针每针内钩3针长针。【共36针长针】
39号线断线。
在第4圈任意针内加入42号线，钩1针长针的立针。第6圈的钩织均在第4圈的外侧半针完成：

第6圈：重复钩（长针1针放2针，长针1针放2针，2针长针）10次，3针长针，引拔成环。【共64针长针】
42号线断线。

方格

将"水母"的"裙边"朝下，在"裙边"起始针往左上角数第16针处加入31号线，钩1针长长针的立针。

第7圈：同一针内再钩（2针锁针，1针长长针），*1针长长针，2针长针，2针中长针，5针短针，2针中长针，2针长针，1针长长针，在同一针内钩（1针长长针，2针锁针，1针长长针）**，重复*到**3次，在最后一次重复时省略（1针长长针，2针锁针，1针长长针），引拔成环。【共68针、4段锁针】

第8圈：挑取整段锁针引拔1针，3针锁针，在整段锁针内钩（1针长针，2针锁针，2针长针），*17针长针，在整段锁针内钩（2针长针，2针锁针，2针长针）**，重复*到**3次，最后一次重复时省略（2针长针，2针锁针，2针长针），引拔成环。【共84针长针、4段锁针】

第9圈：3针锁针，1针长针，*在整段锁针内钩（2针长针，3针锁针，2针长针），21针长针**，重复*到**3次，最后一次重复时省略最后2针长针，引拔成环。【共100针、4段锁针】

第10圈：3针锁针，3针长针，*在整段锁针内钩（2针长针，3针锁针，2针长针），25针长针**，重复*到**3次，最后一次重复时省略最后4针长针，引拔成环。【共116针、4段锁针】
31号线断线。

触手1

48号线12针锁针起针。

钩法：在起针锁针倒数第2针处钩1针短针，1针短针，短针1针放2针，短针1针放2针，跳过2针，1针短针，跳过1针，3针短针。【共10针短针】
48号线断线。重复以上步骤共钩织4条"触手"。

触手2

42号线10针锁针起针。

钩法：在起针锁针倒数第2针处钩1针引拔针，剩余每针内均钩1针引拔针。【共9针引拔针】
42号线断线。重复以上步骤共钩织3条"触手"。

收尾

将两种"触手"交替缝合在"裙边"之下，部分"触手"可以翻面以形成不同方向的曲线。
使用2号线，在"水母"第2圈外缘绣上"眼睛"，左右两侧相隔约7针。

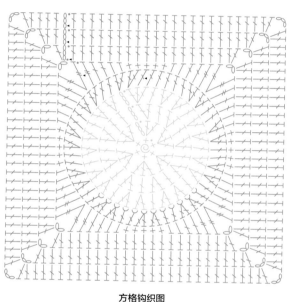

48	
39	
42	
31	
2	

方格钩织图

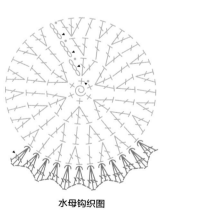

水母钩织图

触手1钩织图

触手2钩织图

鲸

方格

钩针：2.75mm
35号线绕线作环起针。
第1圈：3针锁针，在环内钩11针长针，引拔成环。【共12针长针】
第2圈：3针锁针，同一针内再钩1针长针，剩余每针内钩2针长针，引拔成环。【共24针长针】
第3圈：3针锁针，同一针内再钩1针长针，1针长针，*长针1针放2针，1针长针**，重复*到**直到最后，引拔成环。【共36针长针】
35号线断线。
在第3圈任意针内加入34号线。第4圈的钩织均在第3圈的外侧半针完成：
第4圈：3针锁针，同一针内再钩1针长针，2针锁针，长针1针放2针，2针中长针，3针短针，2针中长针，*长针1针放2针，2针锁针，长针1针放2针，2针中长针，3针短针，2针中长针**，重复*到**2次，在起始锁针第3针处引拔，下一针再钩1针引拔针，在整段锁针内再钩1针引拔针。【共16针长针、16针中长针、12针短针、4段锁针】
第5圈：在整段锁针内钩（3针锁针，1针长针，2针锁针，2针长针），在下一段锁针前的每针内钩1针长针，*在整段锁针内钩（2针长针，2针锁针，2针长针），在下一段锁针前的每针内钩1针长针**，重复*到**2次，直到起始锁针处，在起始锁针第3针处钩1针引拔针，再钩1针引拔针，在整段锁针内再钩1针引拔针。【共60针长针、4段锁针】
第6-8圈：重复第5圈的钩织。【共108针长针、4段锁针】
34号线断线。
在第8圈任意段锁针内加入3号线。
第9圈：1针锁针，在整段锁针内钩（1针短针，1针锁针，1针短针），*在下一段锁针前的每针内钩1针短针，在整段锁针内钩（1针短针，1针锁针，1针短针）**，重复*到**直到最后，引拔成环。【共116针短针、4针锁针】
3号线断线。

尾巴上部

如图所示，在"鲸的身体"右下方加入35号线。
钩法：7针锁针，在第2锁针处钩1针短针，1针中长针，2针长针，2针长长针，跳过"鲸的身体"上的3针，在"鲸的身体"上引拔。【共6针】
35号线断线。

尾巴下部

35号线6针锁针起针。
钩法：在起针锁针倒数第2针处钩1针短针，1针中长针，2针长针，长针1针放6针，翻转钩片到起针锁针的另一侧，钩2针长针，1针中长针，1针短针，1针引拔针。【共14针】
35号线断线。重复以上步骤共钩织2片"尾巴下部"。

喷泉

3号线3针锁针起针。
钩法：在起针锁针倒数第2针处钩1针短针，1针短针，1针锁针，翻面，每针内钩1针短针，4针锁针，在倒数第2针锁针处钩1针短针，在锁针上钩（短针1针放3针，1针短针），2针短针，4针锁针，在倒数第2针锁针处钩1针短针，在锁针上钩（短针1针放3针，1针短针），1针引拔针。【共12针短针】
3号线断线。
将"喷泉"缝在"鲸"的顶部。

大泡泡

32号线绕线作环起针。
钩法：3针锁针，在环内钩11针长针，引拔成环。【共12针长针】
32号线断线。

小泡泡

32号线2针锁针起针。
钩法：在起始锁针倒数第2针处钩6针短针，引拔成环。【共6针短针】
32号线断线。

收尾

将"尾巴下部"缝在相应位置。
将"大泡泡"和"小泡泡"缝在"鲸的头部"左侧。
使用2号线，绣上"眼睛"和"嘴"。

■	35
▨	34
□	3
▤	32
■	2

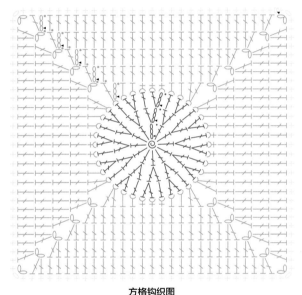

方格钩织图

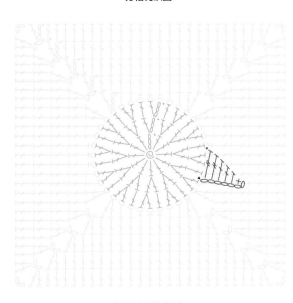

尾巴上部钩织图

尾巴下部钩织图

大泡泡钩织图

小泡泡钩织图

喷泉钩织图

鲨鱼

鲨鱼

钩针：4mm
1号线绕线作环起针。
第1圈：3针锁针，5针长针，更换成4号线，钩6针长针，更换成1号线，在起始锁针第3针处引拔。【共12针长针】
第2圈：3针锁针，同一针内再钩1针长针，重复钩（长针1针放2针）5次，更换成4号线，重复钩（长针1针放2针）6次，更换成1号线，在起始锁针第3针处引拔。【共24针长针】
第3圈：3针锁针，同一针内再钩1针长针，1针长针，重复钩（长针1针放2针，1针长针）5次，更换成4号线，重复钩（长针1针放2针，1针长针）6次，更换成1号线，在起始锁针第3针处引拔。【共36针长针】
第4圈：1针锁针，同一针内再钩2针短针，2针短针，重复钩（短针1针放2针，2针短针）5次，更换成4号线，重复钩（短针1针放2针，2针短针）6次。【共48针短针】
第5圈的钩织均在第4圈的内侧半针完成：
第5圈：1针引拔针，6针锁针，在倒数第2针锁针处钩1针引拔针，在锁针上钩（1针短针，1针中长针，1针长针，1针长长针），跳过2针，20针引拔针，6针锁针，在倒数第2针锁针处钩1针引拔针，在锁针上钩（1针短针，1针中长针，1针长针，1针长长针），跳过2针，12针引拔针，4针锁针，在倒数第2针锁针处钩1针引拔针，在锁针上钩（1针短针，1针中长针），11针引拔针。【共2针长长针、2针长针、3针中长针、3针短针、44针引拔针】
1号线和4号线断线。
使用2号线，绣上"眼睛"，"嘴"和"鳃"。

方格

在第4圈第31针的外侧半针加入33号线，钩1针长长针的立针。
第5圈的钩织均在第4圈的外侧半针完成：
第6圈：同一针内再钩1针长长针，2针锁针，长长针1针放2针，1针长针，2针中长针，4针短针，2针中长针，1针长针，*长长针1针放2针，2针锁针，长长针1针放2针，1针长针，2针中长针，4针短针，2针中长针，1针长针**，重复*到**2次，引拔成环。【共16针长长针、8针长针、16针中长针、16针短针、4段锁针】
第7圈：1针引拔针，在整段锁针内钩（1针引拔针，3针锁针，1针长针，2针锁针，2针长针），14针长针，*在整段锁针内钩（2针长针，2针锁针，2针长针），14针长针**，重复*到**2次，在起始锁针第3针处引拔。【共72针长针、4段锁针】
第8圈：1针引拔针，在整段锁针内钩（1针引拔针，3针锁针，1针长针，2针锁针，2针长针），18针长针，*在整段锁针内钩（2针长针，2针锁针，2针长针），18针长针**，重复*到**2次，在起始锁针第3针处引拔。【共88针长针、4段锁针】
第9圈：1针引拔针，在锁针段内钩（1针引拔针，1针锁针，1针短针，2针锁针，1针短针），22针短针**，重复*到**4次，在起始锁针处引拔。【共96针短针、4段锁针】
33号线断线。
在第9圈任意段锁针内加入1号线。
第10圈：1针锁针，*在整段锁针内钩（1针短针，2针锁针，1针短针），24针短针**，重复*到**3次。【共104针短针、4段锁针】
1号线断线。

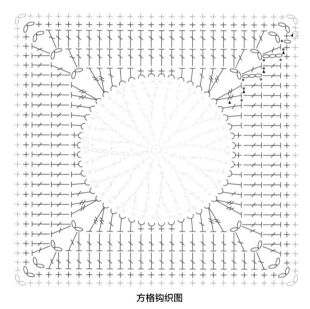

方格钩织图

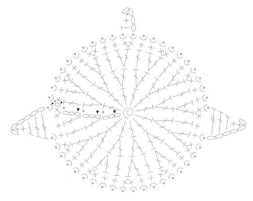

鲨鱼钩织图

1	
4	
33	
2	

螃蟹

方格

钩针：2.75mm
13号线绕线作环起针。
第1圈：在环内钩6针短针，引拔成环。【共6针短针】
第2圈：3针锁针，后5针每针内钩3针长针，长针1针放2针，引拔成环。【共18针长针】
第3圈：3针锁针，1针长针，重复钩（1针长针，长针1针放2针）8次，引拔成环。【共26针长针】
第4圈：3针锁针，重复钩（长针1针放2针，长针1针放2针，1针长针）8次，长针1针放3针，引拔成环。【共44针长针】
第5圈：3针锁针，重复（后2针钩长针1针放2针，2针长针）10次，3针长针，引拔成环。【共64针长针】
13号线断线。
在第5圈任意针内加入32号线，钩1针长长针的立针。第6圈的钩织均在第5圈的外侧半针完成：
第6圈：同一针内再钩（2针锁针，1针长长针），*1针长长针，2针长针，2针中长针，5针短针，2针中长针，2针长针，1针长长针，在同一针内钩（1针长长针，2针锁针，1针长长针）**，重复*到**3次，最后一次重复时省略（1针长长针，2针锁针，1针长长针），引拔成环。【共68针、4段锁针】
第7圈：在同一段锁针内钩（1针引拔针，3针锁针，1针长针，2针锁针，2针长针），*17针长针，在整段锁针内钩（2针长针，2针锁针，2针长针）**，重复*到**3次，最后一次重复时省略（2针长针，2针锁针，2针长针），引拔成环。【共84针长针、4段锁针】
第8圈：3针锁针，1针长针，*在整段锁针内钩（2针长针，3针锁针，2针长针），21针长针**，重复*到**3次，最后一次重复时省略最后2针长针，引拔成环。【共100针长针、4段锁针】
第9圈：3针锁针，3针长针，*在整段锁针内钩（2针长针，3针锁针，2针长针），25针长针**，重复*到**3次，最后一次重复时省略最后4针长针，引拔成环。【共116针长针、4段锁针】
32号线断线。

右钳

13号线绕线作环起针。
第1行：在环内钩6针短针。【共6针短针】
第2行：1针锁针，翻面，每针内钩2针短针。【共12针短针】
第3行：1针锁针，翻面，2针引拔针，重复钩（1针短针，短针1针放2针）3次，1针中长针，同一针内钩（1针中长针，1针长针），后2针每针内钩长针1针放2针。【共18针】
第4行：1针锁针，翻面，11针引拔针，8针锁针，在锁针上（跳过1针，钩5针短针，2针中长针，1针引拔针），7针引拔针。【共5针短针，2针中长针，19针引拔针】
13号线断线。

左钳

13号线绕线作环起针。
第1-2行：重复"右钳"第1-2行的步骤。【共12针短针】
第3行：2针锁针，翻面，同一针内再钩1针长针，长针1针放2针，同一针内钩（1针长针，1针中长针），1针中长针，重复钩（1针短针，短针1针放2针）3次，1针锁针，1针引拔针。【共18针】
第4行：1针锁针，翻面，6针引拔针，8针锁针，翻面，在锁针上（跳过1针，钩5针短针，2针中长针，1针引拔针），11针引拔针。【共5针短针、2针中长针、18针引拔针】
13号线断线。

腿

在方格第5圈任一针的内侧半针加入13号线，钩1针引拔针。
钩法：*7针锁针，翻面，在锁针上（跳过1针，钩2针短针，跳过1针，3针锁针），2针引拔针**，重复*到**3次，共钩织4条"腿"。【每条"腿"共5针短针】
13号线断线。
在方格第5圈另一侧中央针的内侧半针加入13号线，钩1针引拔针。重复第1圈的步骤，钩织另外4条"腿"。

眼柄

13号线绕线作环起针。
第1圈：在环内钩6针短针。【共6针短针】
第2圈：每针内钩2针短针，引拔成环。【共12针短针】
第3圈：5针锁针，翻面，在锁针上（跳过1针，钩4针短针），1针引拔针。【共4针短针】
13号线断线。重复以上步骤共钩织2只"眼柄"。

眼睛

1号线绕线作环起针。
第1圈：5针短针，引拔成环。【共5针短针】
第2圈：5针短针，引拔成环。【共5针短针】
1号线断线。重复以上步骤共钩织2只"眼睛"。
使用2号线，绣上"眼珠"。
收尾
将"左钳"和"右钳"沿着第4圈的外缘缝在方格上。
将"眼睛"缝在"眼柄"上，然后沿着第4圈的外缘缝在方格上。
使用1号线，在"眼柄"下方绣上"嘴巴"。

13	
32	
1	
2	

方格钩织图

眼柄钩织图 **左钳钩织图** **右钳钩织图**

眼睛钩织图

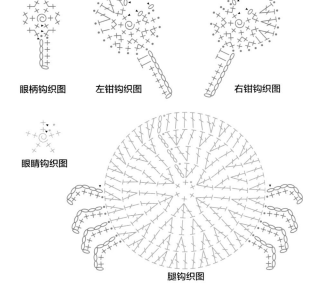

腿钩织图

乌龟

方格

钩针：4mm

28号线4针锁针起针，引拔成环。

第1圈：3针锁针，同一针内再钩1针长针，1针锁针，重复钩（长针1针放2针，1针锁针）5次，引拔成环。【共6组长针锁针组合】

28号线断线。

在第1圈任意锁针内加入27号线。

第2圈：3针锁针，同一锁针内再钩2针长针，1针锁针，重复（在锁针内钩3针长针，1针锁针）5次，引拔成环。【共6组长针锁针组合】

27号线断线。

在第2圈起始锁针处加入28号线。

第3圈：1针锁针，同一针内再钩1针短针，2针短针，越过第2圈的锁针在第1圈的长针处钩长针1针放2针，重复（在第2圈每针长针内钩1针短针，越过第2圈的锁针在第1圈的长针处钩长针1针放2针）5次，引拔成环。【共18针短针、12针长针】

28号线断线。

在第3圈任意针内加入27号线。

第4圈：1针锁针，同一针内再钩2针短针，4针短针，重复钩（短针1针放2针，4针短针）5次，引拔成环。【共36针短针】

27号线断线。

在第4圈任意针内加入22号线。

第5圈的钩织均在第4圈的外侧半针完成。

第5圈：3针锁针，同一针内再钩1针长针，2针锁针，长针1针放2针，2针中长针，3针短针，*长针1针放2针，2针锁针，长针1针放2针，2针中长针，3针短针，2针中长针**，重复*到**2次，在起始锁针第3针处引拔，下一针再钩1针引拔针，在整段锁针内再钩1针引拔针。【共16针长针、16针中长针、12针短针、4段锁针】

第6圈：在整段锁针内钩（3针锁针，1针长针，2针锁针，2针长针），在下一段锁针前的每针内钩1针长针，*在整段锁针内钩（2针长针，2针锁针，2针长针），在下一段锁针前的每针内钩1针长针**，重复*到**2次，直到起始锁针处，在起始锁针第3针处引拔，再钩1针引拔针，在整段锁针内再钩1针引拔针。【共60针长针、4段锁针】

第7圈：重复第6圈的钩织。【共76针长针、4段锁针】

22号线断线。

在第7圈任意段锁针内加入32号线。

第8圈：重复第6圈的钩织。【共92针长针、4段锁针】

第9圈：1针锁针，*在整段锁针内钩（1针短针，1针锁针，1针短针），在下一段锁针前的每针内钩1针短针**，重复*到**直到最后，在第1针短针处引拔。【共100针短针、4段短针】

32号线断线。

头部

在方格第4圈右下角加入28号线。

第1行：5针短针，1针锁针，翻面。【共5针短针】

第2行：5针短针，1针锁针，翻面。【共5针短针】

第3行：1针短针，1针中长针，1针长针，1针中长针，1针短针。【共5针】

28号线断线。

腿和尾巴

在第4圈与"头部"左侧相隔5针处加入28号线。

第1圈：*4针锁针，在第2针内钩1针中长针，继续在锁针上钩（1针中长针，1针引拔针），28号线断线**，跳过4针，重新加入28号线，重复*到**，跳过4针，重新加入28号线，4针锁针，在第2针锁针内钩1针短针，继续在锁针上钩（2针短针，1针引拔针），28号线断线，跳过4针，重新加入28号线，重复*到**，跳过4针，重新加入28号线，重复*到**。【每条"腿"共2针中长针，"尾巴"共3针短针】

28号线断线。

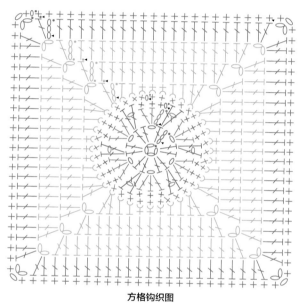

方格钩织图

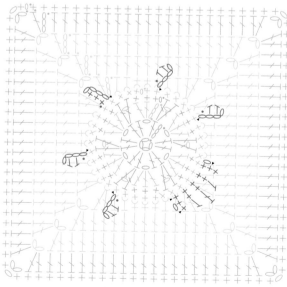

头部、腿和尾巴钩织图

鱼

方格

钩针：2.75mm
27号线绕线作环起针。
第1圈： 在环内钩6针短针，引拔成环。【共6针短针】
第2圈： 3针锁针，后5针每针内钩3针长针，长针1针放2针，引拔1针成环。【共18针长针】
第3圈： 3针锁针，1针长针，重复钩（1针长针，长针1针放2针）8次，引拔成环。【共26针长针】
第4圈： 3针锁针，重复钩（长针1针放2针，长针1针放2针，1针长针）8次，长针1针放3针，引拔成环。【共44针长针】
27号线断线。
在第4圈任意针内加入32号线，钩1针长针的立针。
第5圈： 重复（后2针钩长针1针放2针，2针长针）10次，3针长针，引拔成环。【共64针长针】
32号线断线。
在第5圈任意针内加入31号线，钩1针长长针的立针。
第6圈： 同一针内再钩（2针锁针，1针长长针），*1针长长针，2针长针，2针中长针，5针短针，2针中长针，2针长针，1针长长针，在同一针内钩（1针长长针，2针锁针，1针长长针）**，重复*到**3次，最后一次重复时省略（1针长长针，2针锁针，1针长长针），引拔成环。【共68针、4段锁针】
第7圈： 在同一段锁针内钩（1针引拔针，3针锁针，1针长针，2针锁针，2针长针），*17针长针，在整段锁针内钩（2针长针，2针锁针，2针长针）**，重复*到**3次，最后一次重复时省略（2针长针，2针锁针，2针长针），引拔成环。【共84针长针、4段锁针】
第8圈： 3针锁针，1针长针，*在整段锁针内钩（2针长针，3针锁针，2针长针），21针长针**，重复*到**3次，最后一次重复时省略最后2针长针，引拔成环。【共100针长针、4段锁针】
第9圈： 3针锁针，3针长针，*在整段锁针内钩（2针长针，3针锁针，2针长针），25针长针**，重复*到**3次，最后一次重复时省略最后4针长针，引拔成环。【共116针长针、4段锁针】
31号线断线。

尾巴

40号线6针锁针起针。
第1行： 在起针锁针倒数第2针处引拔，继续在锁针上钩2针短针，1针中长针，1针长针。【共5针】
第2行： 1针锁针，翻面，在内侧半针钩4针短针，钩1针引拔针。【共5针】
第3行： 1针锁针，翻面，在外侧半针钩1针引拔针，2针短针，1针中长针，1针长针。【共5针】
第4行： 1针锁针，翻面，在内侧半针钩4针短针，1针引拔针。【共5针】
第5行： 1针锁针，翻面，在外侧半针钩1针引拔针，2针短针，1针中长针，1针长针。【共5针】
40号线断线。

侧鳍

40号线4针锁针起针。
第1行： 在起针锁针倒数第2针处引拔，继续在锁针上钩1针短针，1针中长针。【共3针】
第2行： 1针锁针，翻面，在内侧半针钩2针短针，1针引拔针。【共3针】
第3行： 1针锁针，翻面，在外侧半针钩1针引拔针，1针短针，1针中长针。【共3针】
40号线断线。

嘴唇

13号线4针锁针起针。
钩法： 跳过1针，钩1针中长针，1针引拔针，1针中长针。【共3针】
13号线断线。

眼睛

1号线绕线作环起针。
钩法： 5针短针，引拔成环。【共5针短针】
1号线断线。
使用2号线，在"眼睛"中央绣上"眼珠"。

（接下页）

27	
32	
31	
40	
1	
2	
43	
13	

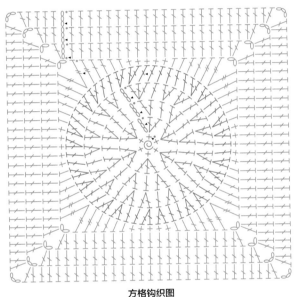

方格钩织图

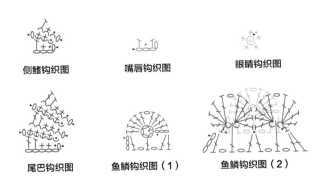

侧鳍钩织图　　嘴唇钩织图　　眼睛钩织图

尾巴钩织图　　鱼鳞钩织图（1）　　鱼鳞钩织图（2）

鱼鳞钩织图（3）

（接上页）

鱼鳞

43号线5针锁针起针，引拔成环。

第1圈：3针锁针，在环内钩4针长针，1针锁针，在环内钩5针长针。【共1片"鱼鳞"】

第2圈的钩织为下一行"鱼鳞"构建基础：

第2圈：3针锁针，同一针内再钩1针长针，1针锁针，在第1圈的环内钩1针长针，1针锁针，在第1圈起始锁针第3针处钩2针长针。【共2个双针基础、1个单针基础】

第3圈：在第2圈右起第1个双针基础（第1针上钩5针长针的后钩针，1针锁针，第2针上钩5针长针的后钩针），在单针基础上钩1针引拔针，在第2个双针基础（第1针上钩5针长针的后钩针，1针锁针，第2针上钩5针长针的后钩针，1针引拔针）。【共2片"鱼鳞"】

第4圈的钩织为最后一行"鱼鳞"构建基础：

第4圈：同一针内再钩（3针锁针，1针长针），1针锁针，在第1片"鱼鳞"中央钩1针长针，1针锁针，在第2圈中央长针处钩2针长针，1针锁针，在第2片"鱼鳞"中央钩1针长针，1针锁针，在"鱼鳞"最右侧钩2针长针。【共3个双针基础、2个单针基础】

第5圈：在第4圈右起第1个双针基础（第1针上钩5针长针的后钩针，1针锁针，第2针上钩5针长针的后钩针），在单针基础上钩1针引拔针，*在双针基础（第1针上钩5针长针的后钩针，1针锁针，第2针上钩5针长针的后钩针），在单针基础上钩1针引拔针**，重复*到**2次。【共3片"鱼鳞"】

43号线断线。

收尾

将"鱼鳞"缝在方格上，与第4圈的外缘对齐。

将"尾巴"缝在方格上，稍稍压在"鱼鳞"下方。

将"侧鳍""眼睛"和"嘴唇"缝在方格相应位置上。

贝壳

贝壳

钩针：4mm

12号线绕线作环起针。

第1圈：在环内钩2针短针，2针中长针，8针长针。【共12针】

第2圈的钩织均在第1圈的外侧半针完成：

第2圈：重复钩（短针1针放2针）4次，重复钩（长针1针放2针）6次，重复钩（长长针1针放2针）2次。【共8针短针、12针长针、4针长长针】

第3圈：重复钩（长长针1针放2针）8次。【共16针长长针】

12号线断线。

圆环

19号线绕线作环起针。

第1圈：3针锁针，在环内钩11针长针，引拔成环。【共12针长针】

第2圈：3针锁针，同一针内再钩1针长针，重复钩（长针1针放2针）直到最后，引拔成环。【共24针长针】

第3圈：3针锁针，同一针内再钩1针长针，1针长针，*长针1针放2针，1针长针**，重复*到**直到最后，引拔成环。【共36针长针】

19号线断线。

将"贝壳"覆盖在"圆环"上方，使用12号线，从最右端开始以短针沿边缘将2片织片缝合。

12号线断线。

方格

在织片边缘圈任意针内加入31号线。第4圈的钩织均在边缘圈的外侧半针完成。

第4圈：3针锁针，同一针内再钩1针长针，2针锁针，长针1针放2针，2针中长针，3针短针，2针中长针，*长针1针放2针，2针锁针，长针1针放2针，2针中长针，3针短针，2针中长针**，重复*到**2次，在起始锁针第3针处引拔，下一针再钩1针引拔针，在整段锁针内再钩1针引拔针。【共16针长针、16针中长针、12针短针、4段锁针】

第5圈：在整段锁针内钩（3针锁针，1针长针，2针锁针，2针长针），在下一段锁针前的每针内钩1针长针，*在整段锁针内钩（2针长针，2针锁针，2针长针），在下一段锁针前的每针内钩1针长针**，重复*到**2次，直到起始锁针处，在起始锁针第3针处引拔，再钩1针引拔针，在整段锁针内再钩1针引拔针。【共60针长针、4段锁针】

第6-7圈：重复第5圈的钩织。【共92针长针、4段锁针】

31号线断线。

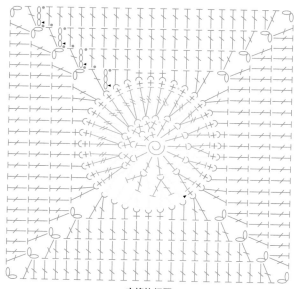

方格钩织图

贝壳钩织图

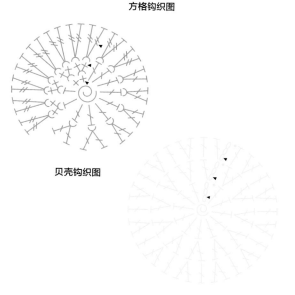

圆环钩织图

12	
19	
31	

海龟

方格

钩针：2.75mm
29号线绕线作起针。
第1圈：6针短针，引拔成环。【共6针短针】
第2圈：1针锁针，每针内钩2针短针，引拔成环。【共12针短针】
29号线断线。在第2圈任意针内加入11号线，钩1针短针的立针。
第3圈：*1针短针，短针1针放2针**，重复*到**直到最后，引拔成环。【共18针短针】
11号线断线。在第3圈任意针内加入28号线，钩1针短针的立针。
第4圈：*2针短针，短针1针放2针**，重复*到**直到最后，引拔成环。【共24针短针】
28号线断线。在第4圈任意针内加入29号线，钩1针短针的立针。
第5圈：*3针短针，短针1针放2针**，重复*到**直到最后，引拔成环。【共30针短针】
29号线断线。在第5圈任意针内加入11号线，钩1针短针的立针。
第6圈：*4针短针，短针1针放2针**，重复*到**直到最后，引拔成环。【共36针短针】
11号线断线。在第6圈任意针内加入29号线，钩1针短针的立针。
第7圈：*3针短针，在第2圈的针目上钩1针长长针的前钩针，跳过1针，钩1针短针，短针1针放2针**，重复*到**5次，（每2针长长针的前钩针之间跳过1针短针），引拔成环。【共42针】
29号线断线。在第7圈任意针内加入28号线，钩1针短针的立针。
第8圈：*6针短针，短针1针放2针**，重复*到**直到最后，引拔成环。【共48针短针】
第9圈：2针锁针，6针中长针，中长针1针放2针，*7针中长针，中长针1针放2针**，重复*到**直到最后，引拔成环。【共54针中长针】
28号线断线。在第9圈任意针内加入11号线，钩1针短针的立针。
第10圈：每针内钩1针短针，引拔成环。【共54针短针】
11号线断线。在第10圈加入29号线，在与第7圈长长针的前钩针相隔1针的位置钩1针短针的立针。
第11圈：1针短针，*在第7圈长长针的前钩针上钩1针长长针的前钩针，跳过1针，钩8针短针**，重复*到**5次，最后一次重复时省略最后1针短针，引拔成环。【共54针】
第12圈：1针锁针，每针内钩1针短针，引拔成环。【共54针】
29号线断线。在第12圈任意针的外侧半针加入33号线，钩1针短针的立针。第13圈的钩织均在第12圈的外侧半针完成：

第13圈：*短针1针放2针，5针短针**，重复*到**8次，最后一针内再钩1针短针，引拔成环。【共64针短针】
33号线断线。在第13圈任意针内重新加入33号线，钩1针长长针的立针。
第14圈：同一针内再钩（2针锁针，1针长长针），*1针长长针，2针长针，2针中长针，5针短针，2针中长针，2针长针，1针长长针，在同一针内钩（1针长长针，2针锁针，1针长长针）**，重复*到**3次，最后一次重复时省略（1针长长针，2针锁针，1针长长针），引拔成环。【共68针、4段锁针】
第15圈：在同一段锁针内钩（1针引拔针，3针锁针，1针长针，2针长针，2针长针），*17针长针，在整段锁针内钩（2针长针，2针锁针，2针长针）**，重复*到**3次，最后一次重复时省略（2针长针，2针锁针，2针长针），引拔成环。【共84针长针、4段锁针】
第16圈：3针锁针，1针长针，*在整段锁针内钩（2针长针，3针锁针，2针长针），21针长针**，重复*到**3次，最后一次重复时省略最后2针长针，引拔成环。【共100针长针、4段锁针】
第17圈：3针锁针，3针长针，*在整段锁针内钩（2针长针，3针锁针，2针长针），25针长针**，重复*到**3次，最后一次重复时省略最后4针长针，引拔成环。【共116针长针、4段锁针】
33号线断线。

头部

27号线绕线作环起针。
第1圈：在环内钩5针短针。【共5针短针】
第2圈：每针内钩2针短针。【共10针短针】
第3圈：*1针短针，短针1针放2针**，重复*到**直到最后。【共15针短针】
第4圈：*短针1针放2针，2针短针**，重复*到**直到最后。【共20针短针】
第5-6圈：每针内钩1针短针。【共20针短针】
第7圈：*2针短针，短针2针并1针**，重复*到**直到最后。【共15针短针】
第8圈：*短针2针并1针，1针短针**，重复*到**直到最后，引拔成环。【共10针短针】
27号线断线。
在"头部"塞入少量填充物，使用2号线，绣上"眼睛"。将"头部"缝在"海龟壳"的一侧。

（接下页）

29	
11	
28	
33	
27	
2	

方格钩织图

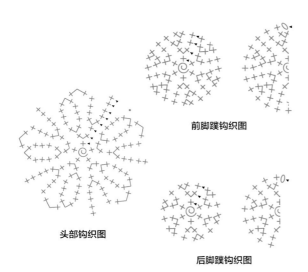

前脚蹼钩织图

头部钩织图

后脚蹼钩织图

（接上页）

前脚蹼

27号线绕线作环起针。

第1圈： 在环内钩6针短针。【共6针短针】

第2圈： 每针内钩2针短针。【共12针短针】

第3圈： *1针短针，短针1针放2针**，重复*到**直到最后。【共18针短针】

第4圈： *1针短针，短针1针放2针，1针短针**，重复*到**直到最后，引拔成环。【共24针短针】

第5圈： 将圆形织片对折，钩1针锁针，沿着边缘以短针缝合。【共12针短针】

27号线断线。重复以上步骤共钩织2片"前脚蹼"。

将"前脚蹼"缝在"头部"两侧。

后脚蹼

27号线绕线作环起针。

第1-3圈： 重复"前脚蹼"第1-3圈的钩织。【共18针短针】

第4圈： 重复"前脚蹼"第5圈的钩织。【共9针短针】

27号线断线。重复以上步骤共钩织2片"后脚蹼"。

将"后脚蹼"缝在相应位置，左右相隔约7针。

海星

方格

钩针：4mm

18号线4针锁针起针。

第1圈： 在起针锁针倒数第4针处钩19针长针，引拔成环。【共20针长针】

18号线断线。

在第1圈任意针的外侧半针加入32号线。第2圈的钩织均在第1圈的外侧半针完成：

第2圈： 同一针内钩（3针锁针，2针长针，2针锁针，3针长针），3针锁针，跳过4针，*同一针内钩（3针长针，2针锁针，3针长针），3针锁针，跳过4针**，重复*到**2次，引拔成环。【共4组长针锁针组合】

32号线断线。在第2圈任意段角落锁针处重新加入32号线。

第3圈： 在角落锁针内钩（3针锁针，2针长针，2针锁针，3针长针），在下一段锁针内钩3针长针，*在角落锁针内钩（3针锁针，2针锁针，3针长针），在下一段锁针内钩3针长针**，重复*到**2次，在起始锁针第3针处引拔。【每边共3组长针组合】

第4圈： 2针引拔针，在角落锁针内钩（1针引拔针，3针锁针，2针长针，2针锁针，3针长针），在下一段锁针前的每组长针中间钩3针长针，*在角落锁针内钩（3针长针，2针锁针，3针长针），在下一段锁针前的每组长针中间钩3针长针**，重复*到**直到最后，在起始锁针第3针处引拔。【每边共4组长针组合】

第5-7圈： 重复第4圈的钩织。【每边共7组长针组合】

32号线断线。

在第7圈任意段角落锁针内加入18号线。

第8圈： 1针锁针，*在角落锁针内钩（1针短针，1针锁针，1针短针），在下一段锁针前的每针内钩1针短针**，重复*到**3次，引拔成环。【共92针短针、4段锁针】

18号线断线。

海星

在方格第1圈任意长针内加入18号线。

第1圈： *6针锁针，在倒数第2针锁针处钩1针短针，继续在锁针上钩（1针中长针，1针长针，2针长长针），跳过3针，引拔1针**，重复*到**4次。【共5个"角"，每个"角"共6针锁针】

18号线断线。

在第1圈任意针内加入12号线。

第2圈： 在每针（包括锁针）内钩1针短针，引拔成环。【共55针短针】

12号线断线。

12	
32	
18	

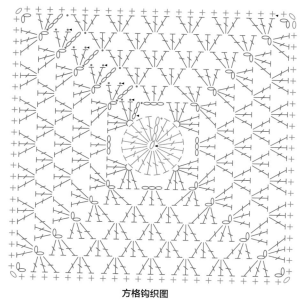

方格钩织图

海星钩织图

9

48

34

遮阳帽

帽子

钩针：4mm
9号线2针锁针起针。

第1圈：在起针锁针倒数第2针处钩6针短针，引拔成环。【共6针短针】

第2圈：每针内钩2针短针，引拔成环。【共12针短针】

第3圈：每针内钩1针短针，引拔成环。【共12针短针】

第4-6圈：重复第3圈。【共12针短针】

9号线断线。

在第6圈任意针内加入48号线。

第7圈：重复第3圈。【共12针短针】

48号线断线。

方格

在第7圈任意针内加入34号线。

第8圈的钩织均在第7圈的外侧半针完成：

第8圈：3针锁针，同一针内再钩1针长针，剩余每针内钩2针长针，引拔成环。【共24针长针】

第9圈：3针锁针，同一针内再钩1针长针，1针长针，*长针1针放2针，1针长针**，重复*到**直到最后，引拔成环。【共36针长针】

第10圈：3针锁针，同一针内再钩1针长针，2针锁针，长针1针放2针，2针中长针，3针短针，2针中长针，*长针1针放2针，2针锁针，长针1针放2针，2针中长针，3针短针，2针中长针**，重复*到**2次，在起始锁针第3针处引拔，下一针再钩1针引拔针，在整段锁针内再钩1针引拔针。【共16针长针、16针中长针、12针短针、4段锁针】

蝴蝶结钩织图

方格钩织图

帽檐钩织图

34号线断线。

在第10圈任意段锁针内加入48号线。

第11圈：在整段锁针内钩（3针锁针，1针长针，2针锁针，2针长针），在下一段锁针前的每针内钩1针长针，*在整段锁针内钩（2针长针，2针锁针，2针长针），在下一段锁针前的每针内钩1针长针**，重复*到**2次，直到起始锁针处，在起始锁针第3针处引拔，再钩1针引拔针，在整段锁针内再钩1针引拔针。【共60针长针、4段锁针】

第12圈：重复第11圈。【共76针长针、4段锁针】

48号线断线。

在第12圈任意段锁针内加入34号线。

第13圈：重复第11圈的，省略最后2针引拔针。【共92针长针、4段锁针】

34号线断线。

在第13圈任意段锁针内加入9号线。

第14圈：1针锁针，*在整段锁针内钩（1针短针，1针锁针，1针短针），在下一段锁针前的每针内钩1针短针**，重复*到**3次，引拔成环。【共100针短针、4段短针】

9号线断线。

帽檐

在"帽子"第7圈任意针的内侧半针加入9号线。

钩法：每针内钩2针长针，引拔成环。【共24针长针】

9号线断线。

蝴蝶结

48号线7针锁针起针。

钩法：在起针锁针倒数第2针处钩1针短针，继续在锁针上钩5针短针。【共6针短针】

48号线断线。

使用一段48号线在"蝴蝶结"中央绕紧并固定。

将"蝴蝶结"缝在"帽子"的相应位置上。

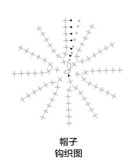

帽子
钩织图

太阳

太阳

钩针：4mm
21号线绕线作环起针。

第1圈：2针锁针，在环内钩9针中长针，在起始锁针第2针处引拔。【共10针中长针】

第2圈：2针锁针，同一针内再钩1针中长针，剩余每针内钩2针中长针，在起始锁针第2针处引拔。【共20针中长针】

第3圈：2针锁针，同一针内再钩1针中长针，1针中长针，*中长针1针放2针，1针中长针**，重复*到**8次，在起始锁针第2针处引拔。【共30针中长针】

第4圈：2针锁针，同一针内再钩1针中长针，2针中长针，*中长针1针放2针，2针中长针**，重复*到**8次，在起始锁针第2针处引拔。【共40针中长针】

第5圈：2针锁针，同一针内再钩1针中长针，3针中长针，*中长针1针放2针，3针中长针**，重复*到**8次。【共50针中长针】

21号线断线。

在第5圈任意针的内侧半针加入17号线。第6圈的钩织均在第5圈的内侧半针完成：

第6圈：1针短针，同一针内钩（1针中长针，1针长针），2针锁针，同一针内钩（1针长针，1针中长针），1针短针，1针引拔针，*1针短针，同一针内钩（1针中长针，1针长针），2针锁针，同一针内钩（1针长针，1针中长针），1针短针，1针引拔针**，重复*到**8次，在起始短针处引拔。【共20针长针、20针中长针、20针短针、10针引拔针、10段锁针】

第7圈：2针引拔针，在整段锁针内钩（1针引拔针，1针锁针，1针引拔针），3针引拔针，越过第6圈在第5圈的内侧半针1针引拔针，*3针引拔针，在整段锁针内钩（1针引拔针，1针锁针，1针引拔针），3针引拔针，越过第6圈在第5圈的内侧半针1针引拔针**，重复*到**8次。【共90针引拔针、10针锁针】

17号线断线。

方格

在第5圈任意针的外侧半针加入1号线，钩1针长针的立针。第8圈的钩织均在第5圈的外侧半针完成。

第8圈：同一针内再钩1针长针，4针长针，*长针1针放2针，4针长针**，重复*到**8次，在起始长针处引拔。【共60针长针】

1号线断线。

在第8圈任意针内加入31号线，钩1针长长针的立针。

第9圈：同一针内再钩1针长长针，2针锁针，长长针1针放2针，2针锁针，3针中长针，3针短针，3针中长针，2针长针，*长长针1针放2针，2针锁针，长长针1针放2针，2针锁针，3针中长针，3针短针，3针中长针，2针长针**，重复*到**2次，在起始长长针处引拔。【共16针长长针、16针长针、24针中长针、12针短针、4段锁针】

第10圈：1针引拔针，在整段锁针内钩（1针引拔针，3针锁针，1针长针，2针锁针，2针长针），17针长针，*在整段锁针内钩（2针长针，2针锁针，2针长针），17针长针**，重复*到**2次，在起始锁针第3针处引拔。【共84针长针、4段锁针】

31号线断线。

在第10圈任意段锁针内加入39号线。第11圈的钩织均在第10圈的外侧半针完成：

第11圈：1针锁针，*在整段锁针内钩（1针短针，2针锁针，1针短针），21针短针**，重复*到**3次。【共92针短针、4段锁针】

在第11圈任意段锁针内加入45号线。第12圈的钩织均在第11圈的外侧半针完成：

第12圈：1针锁针，*在整段锁针内钩（1针短针，2针锁针，1针短针），23针短针**，重复*到**3次。【共100针短针、4段锁针】

45号线断线。

21	
17	
1	
31	
39	
45	

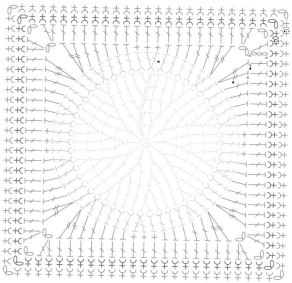

方格钩织图

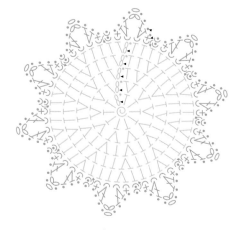

太阳钩织图

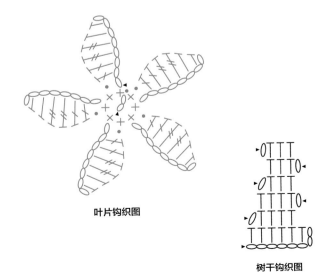

■	24
■	32
□	3
■	11

棕榈树

叶片

钩针：4mm

24号线2针锁针起针。

第1圈：在起针锁针倒数第2针处钩8针短针，引拔成环。【共8针短针】

第2圈：*8针锁针，在倒数第2针锁针处钩1针中长针，继续在锁针上钩（1针中长针，2针长长针，2针长针），1针引拔针**，重复*到**4次，引拔成环。【共5片"叶片"】

24号线断线。在第1圈任意针的外侧半针重新加入24号线。第3圈的钩织均在织片反面完成：

第3圈：*3针锁针，跳过1针，1针引拔针**，重复*到**3次。【共4个圆弧】

24号线断线。

方格

在"叶片"第3圈任意圆弧内加入32号线。

第1圈：3针锁针，在圆弧内钩5针长针，重复（在圆弧内钩6针长针）3次，在起始锁针第3针处引拔。【共24针长针】

第2圈：3针锁针，同一针内再钩1针长针，1针长针，*长针1针放2针，1针长针**，重复*到**直到最后，在起始锁针第3针处引拔。【共36针长针】

第3圈：3针锁针，同一针内再钩1针长针，2针锁针，长针1针放2针，2针中长针，3针短针，2针中长针，*长针1针放2针，2针锁针，长针1针放2针，2针中长针，3针短针，2针中长针**，重复*到**2次，在起始锁针第3针处引拔，下一针再钩1针引拔针，在整段锁针内再钩1针引拔针。【共16针长针、16针中长针、12针短针、4段锁针】

第4圈

第4圈：在整段锁针内钩（3针锁针，1针长针，2针锁针，2针长针），在下一段锁针前的每针内钩1针长针，*在整段锁针内钩（2针长针，2针锁针，2针长针），在下一段锁针前的每针内钩1针长针**，重复*到**2次，在起始锁针第3针处引拔，再钩1针引拔针，在整段锁针内再钩1针引拔针。【共60针长针、4段锁针】

第5圈：重复第4圈。【共76针长针、4段锁针】

32号线断线。

在第5圈任意段锁针内加入3号线。

第6圈：重复第4圈。【共92针长针、4段锁针】

3号线断线。

将"叶片"尖部缝在方格上。

树干

11号线8针锁针起针。

第1行：在起针锁针倒数第3针处钩1针中长针，继续在每针锁针内钩1针中长针。【共6针中长针】

第2行：1针锁针，翻面，跳过1针，钩4针中长针。【共4针中长针】

第3行：1针锁针，翻面，钩4针中长针。【共4针中长针】

第4行：1针锁针，翻面，跳过1针，钩3针中长针。【共3针中长针】

第5行：1针锁针，翻面，钩3针中长针。【共3针中长针】

第6行：重复第5行。【共3针中长针】

11号线断线。

将"树干"缝在方格上。

方格钩织图（含叶片第3圈）

叶片钩织图

树干钩织图

沙雕城堡

方格

钩针：4mm
9号线绕线作环起针。

第1圈：3针锁针，在环内钩2针长针，2针锁针，*在环内钩3针长针，2针锁针**重复*到2次，在起始锁针第3针处引拔。【共12针长针、4段锁针】

第2圈：3针锁针，*在下一段锁针前的每针内钩1针长针，在每段锁针内钩（2针长针，2针锁针，2针长针）**，重复*到**3次，在起始锁针第3针处引拔。【共28针长针、4段锁针】

第3-6圈：3针锁针，*在下一段锁针前的每针内钩1针长针，在每段锁针内钩（2针长针，2针锁针，2针长针）**，重复*到**3次，在剩余的每针内钩1针长针，在起始锁针第3针处引拔。【共92针长针、4段锁针】
9号线断线。
在第6圈的任意针内加入21号线。

第7圈：1针锁针，*在下一段锁针前的每针内钩1针短针，在每段锁针内钩（1针短针，1针锁针，1针短针）**，重复*到**3次，引拔成环。【共100针短针、4段锁针】
21号线断线。

沙雕城堡

22号线17针锁针起针。

第1行：在起针锁针倒数第2针处钩1针短针，继续在每针锁针内钩1针短针，1针锁针，翻面。【共16针短针】

第2-10行：每针内钩1针短针，1针锁针，翻面。【共16针短针】

第11行：4针短针，1针锁针，翻面。【共4针短针】

第12-13行：重复第11行。
22号线断线。
在第13行最后一针加入21号线。

第14-15行：2针锁针，在第13行上钩4针短针，3针锁针，翻面，在倒数第2针锁针内钩1针短针，继续在每针内钩1针短针直到这一行结束，1针锁针，翻面。【共8针短针】

第16行：每针内钩1针短针。【共8针短针】
21号线断线。
在第10行倒数第4针加入22号线。

第17-22行：重复第11-16行。【共8针短针】
在第10行第7针加入22号线。

第23行：4针短针，1针锁针，翻面。【共4针短针】

第24-25行：重复第23行。【共4针短针】
22号线断线。
将"沙雕城堡"缝在方格上。

旗子

3号线5针锁针起针。
3号线断线。
在锁针最后一针加入18号线。
钩法：在锁针上钩3针短针，1针锁针，翻面，3针短针。【共3针短针】
18号线断线。
将"旗子"缝在"沙雕城堡"顶部。

城门

21号线5针锁针起针。

第1行：在起针锁针倒数第2针处钩1针短针，继续在锁针上钩3针短针，1针锁针，翻面。【共4针短针】

第2行：每针内钩1针短针，1针锁针，翻面。【共4针短针】

第3行：重复第2行。【共4针短针】
21号线断线。
将"城门"缝在"沙雕城堡"上。

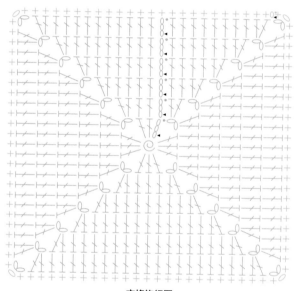

22	
21	
9	
3	
18	

方格钩织图

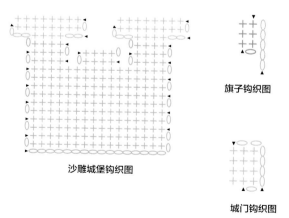

旗子钩织图

沙雕城堡钩织图

城门钩织图

沙滩拖鞋

方格

钩针：4mm

31号线绕线作环起针。

第1圈： 3针锁针，在环内钩2针长针，2针锁针，*在环内钩3针长针，2针锁针**，重复*到**2次，在起始锁针第3针处引拔。【共12针长针、4段锁针】

第2圈： 3针锁针，*在下一段锁针前的每针内钩1针长针，在每段锁针内钩（2针长针，2针锁针，2针长针）**，重复*到**3次，在起始锁针第3针处引拔。【共28针长针、4段锁针】

第3-6圈： 3针锁针，*在下一段锁针前的每针内钩1针长针，在每段锁针内钩（2针长针，2针锁针，2针长针）**，重复*到**3次，在剩余的每针内钩1针长针，在起始锁针第3针处引拔。【共92针长针、4段锁针】31号线断线。

沙滩拖鞋

12号线9针锁针起针。

第1圈： 在起针锁针倒数第2针处钩3针短针，继续在锁针上钩（3针短针，1针中长针，2针长针，长针1针放6针），翻转织片至起针锁针另一侧，钩（2针长针，1针中长针，3针短针），引拔成环。【共21针】

第2圈： 1针锁针，3针（短针1针放2针），7针短针，4针（短针1针放2针），7针短针，引拔成环。【共28针短针】

第3圈： 1针锁针，在每针的外侧半针内钩1针短针，引拔成环。【共28针短针】

12号线断线。重复以上步骤共钩织2只"沙滩拖鞋"。

拖鞋带

32号线14针锁针起针。

钩法： 在起针锁针倒数第2针处钩1针短针，继续在锁针上钩（5针短针，短针1针放3针，6针短针）。【共15针短针】

32号线断线。重复以上步骤共钩织2条"拖鞋带"。

将"拖鞋带"缝在"沙滩拖鞋"上。

将"沙滩拖鞋"缝在方格上。

	12
	32
	31

方格钩织图

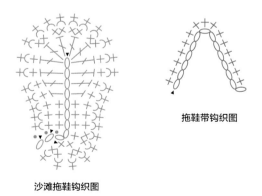

沙滩拖鞋钩织图

拖鞋带钩织图

蜘蛛

方格

钩针：2.75mm
7号线绕线作环起针。
第1圈： 6针短针，引拔成环。
【共6针短针】
第2圈： 3针锁针，后5每针内钩3针长针，长针1针放2针，引拔成环。【共18针长针】
第3圈： 3针锁针，1针长针，重复钩（1针长针，长针1针放2针）8次，引拔成环。【共26针长针】
第4圈： 3针锁针，重复钩（长针1针放2针，长针1针放2针，1针长针）8次，长针1针放3针，引拔成环。【共44针长针】
7号线断线。
在第4圈任意针内加入27号线，钩1针长针的立针。第5圈的钩织均在第4圈的外侧半针完成：
第5圈： 重复（后2针钩长针1针放2针，2针长针）10次，3针长针，引拔成环。【共64针长针】
第6圈： 6针锁针，同一针内再钩1针长针，*1针长长针，2针长针，2针中长针，5针短针，2针中长针，2针长针，1针长长针，在同一针内钩（1针长长针，2针锁针，1针长长针）**，重复*到**3次，最后一次重复时省略（1针长长针，2针锁针，1针长长针），引拔成环。【共68针、4段锁针】
第7圈： 在同一段锁针内（钩1针引拔针，3针锁针，1针长针，2针锁针，2针长针），*17针长针，在整段锁针内钩（2针长针，2针锁针，2针长针）**，重复*到**3次，最后一次重复时省略（2针长针，2针锁针，2针长针），引拔成环。【共84针长针、4段锁针】
第8圈： 3针锁针，1针长针，*在整段锁针内钩（2针长针，3针锁针，2针长针），21针长针**，重复*到**3次，最后一次重复时省略最后2针长针，引拔成环。【共100针长针、4段锁针】
第9圈： 3针锁针，3针长针，*在整段锁针内钩（2针长针，3针锁针，2针长针），25针长针**，重复*到**3次，最后一次重复时省略最后4针长针，引拔成环。【共116针长针、4段锁针】
27号线断线。

头部

7号线绕线作环起针。
第1圈： 6针短针，引拔成环。
【共6针短针】
第2圈： 3针锁针，后5针每针内钩3针长针，长针1针放2针，引拔成环。【共18针长针】
第3圈： 3针锁针，1针长针，重复钩（1针长针，长针1针放2针）8次，引拔成环。【共26针长针】
7号线断线。

腿

在方格第4圈外缘加入7号线，钩1针引拔针，与第6圈的任意角落锁针对齐。
钩法： *12针锁针，在锁针倒数第2针处钩1针短针，继续在锁针上钩（3针短针，跳过2针，5针短针），1针引拔针，2针引拔针**，重复*到**3次，共钩织4条"腿"。【每条"腿"共9针短针】
7号线断线。
在方格第4圈外缘加入7号线，钩1针引拔针，与第6圈的另一侧角落锁针对齐。
重复第1圈的步骤钩织另外4条"腿"。
7号线断线。

眼睛

1号线绕线作环起针。
钩法： 5针短针，引拔成环。
【共5针短针】
1号线断线。重复以上步骤共钩织2只"眼睛"。
使用2号线绣上"眼珠"。
将"眼睛"缝在"头部"。

收尾

将"头部"缝在方格上，顶端触及方格第2圈外缘。
使用1号线，在"蜘蛛"尾部和方格边缘之间缝上一条线。

眼睛钩织图

头部钩织图

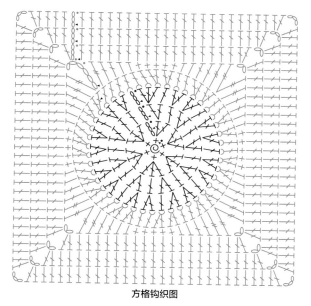

方格钩织图

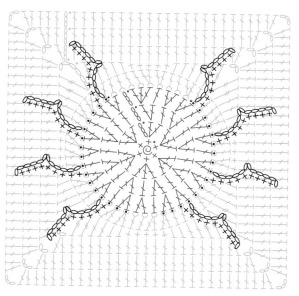

腿钩织图

7	■
27	■
1	▨
2	■

蜂窝

方格

钩针：2.75mm
3号线绕线作环起针。

第1圈： 3针锁针，2针长针，重复钩（2针锁针，3针长针）3次，2针锁针，引拔成环。【共12针长针、4段锁针】

第2圈： 3针锁针，2针长针，*在整段锁针内钩（2针长针，2针锁针，2针长针），3针长针**，重复*到**2次，在整段锁针内钩（2针长针，2针锁针，2针长针），引拔成环。【共28针长针、4段锁针】

第3圈： 3针锁针，4针长针，*在整段锁针内钩（2针长针，2针锁针，2针长针），7针长针**，重复*到**2次，在整段锁针内钩（2针长针，2针锁针，2针长针），2针长针，引拔成环。【共44针长针、4段锁针】

第4圈： 3针锁针，6针长针，*在整段锁针内钩（2针长针，2针锁针，2针长针），7针长针**，重复*到**2次，在整段锁针内钩（2针长针，2针锁针，2针长针），4针长针，引拔成环。【共60针长针、4段锁针】
3号线断线。在第4圈任意锁针内重新加入3号线，钩1针长针的立针。

第5圈： 在整段锁针内再钩（1针长针，2针锁针，2针长针），*跳过1针，钩6针长针，更换成21号线，长针1针放5针，更换成3号线，6针长针，跳过1针，在整段锁针内钩（2针长针，2针锁针，2针长针）**，重复*到**2次，15针长针，21号线断线，3号线在起始针处引拔成环。【共82针长针、4段锁针】

第6圈： 3针锁针，1针长针，*在整段锁针内钩（2针长针，2针锁针，2针长针），跳过1针，7针长针，更换成2号线，5针长针的前钩针，更换成3号线，7针长针，跳过1针**，重复*到**2次，在整段锁针内钩（2针长针，2针锁针，2针长针），17针长针，2号线断线，3号线在起始锁针第3针处引拔。【共92针长针、4段锁针】

第7圈： 3针锁针，3针长针，*在整段锁针内钩（2针长针，2针锁针，2针长针），跳过1针，8针长针，更换成21号线，长针5针并1针，1针锁针，更换成3号线，8针长针，跳过1针**，重复*到**2次，在整段锁针内钩（2针长针，2针锁针，2针长针），19针长针，在起始锁针第3针处引拔。【共90针长

针、3针锁针、4段锁针】
21号线断线。

第8圈： 3针锁针，5针长长针，*在整段锁针内钩（2针长针，2针锁针，2针长针），10针长针，在"蜜蜂"顶部锁针钩2针长针，10针长长针**，重复*到**2次，在整段锁针内钩（2针长针，2针锁针，2针长针），21针长针，引拔成环。【共109针长针、4段锁针】
3号线断线。

翅膀

1号线绕线作环起针。

钩法： 1针短针，1针中长针，3针长针，1针中长针，1针短针，拉紧圆环，引拔成环。【共7针】
1号线断线。重复以上步骤共钩织6片"翅膀"。
将"翅膀"缝在"蜜蜂"身体两侧。

蜂窝

9号线13针锁针起针。

第1行： 在起针锁针倒数第2针处钩1针短针，继续在每针锁针内钩1针短针。【共12针短针】

第2行： 1针锁针，翻面，在每针的内侧半针钩1针短针。【共12针短针】

第3行： 1针锁针，翻面，在每针的外侧半针钩1针短针。【共12针短针】

第4行： 重复第2行。【共12针短针】

第5行： 重复第3行。【共12针短针】

第6行： 重复第2行。【共12针短针】

第7行： 重复第3行。【共12针短针】

第8行： 1针锁针，翻面，在内侧半针钩（短针2针并1针，8针短针，短针2针并1针）。【共10针短针】

第9行： 1针锁针，翻面，在外侧半针钩（短针2针并1针，6针短针，短针2针并1针）。【共8针短针】

第10行： 1针锁针，翻面，在内侧半针钩（短针2针并1针，4针短针，短针2针并1针）。【共6针短针】

第11行： 1针锁针，翻面，在外侧半针重复钩（短针2针并1针）3次。【共3针短针】
9号线断线。
使用10号线，在"蜂窝"上绣上"门"。
将"蜂窝"缝在方格上。

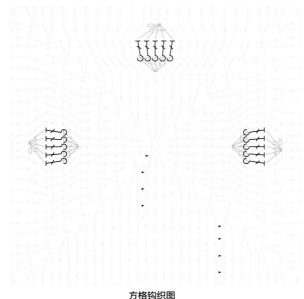

方格钩织图

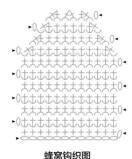

蜂窝钩织图

翅膀钩织图

蝴蝶

蝴蝶

钩针：4mm
48号线4针锁针起针。

第1圈： 在起针锁针倒数第4针处钩（1针长针，1针锁针），*同一针内再钩（2针长针，1针锁针）**，重复*到**6次，引拔成环。【共18针长针、8针锁针】48号线断线。

在第1圈任意锁针内加入49号线，钩1针长针的立针。

第2圈： 同一针锁针内再钩（1针长针，2针锁针，2针长针），在每针锁针内钩（2针长针，2针锁针，2针长针）直到最后，引拔成环。【共32针长针、8段锁针】
49号线断线。

在第2圈任意段锁针内加入45号线，钩1针长针的立针。

第3圈： 同一段锁针内再钩6长针，跳过2针长针，在2组长针之间钩1针短针，*在整段锁针内钩7针长针，跳过2针长针，在2组长针之间钩1针短针**，重复*到**直到最后，引拔成环。【共8组长针、8针短针】
45号线断线。

在第3圈任意针内加入12号线。

第4圈： 每针内钩1针短针，引拔成环。【共64针短针】
12号线断线。

将"蝴蝶"上半部分向下折叠形成"蝴蝶形"。

45号线钩16针锁针，断线。

45号线钩12针锁针，断线。

将每条锁针链的两端打结拉紧。

将较短的锁针链横在"蝴蝶"顶部，将较长的锁针链绕在"蝴蝶身体"中央，同时缠住较短的锁针链，缝合。

方格

在"蝴蝶右翼"顶端短针处加入44号线，钩1针长针的立针。

第1圈： 同一针内再钩（2针长针，2针锁针，3针长针），3针锁针，在"蝴蝶"顶部后侧钩2针长针，3针锁针，在"蝴蝶左翼"顶端短针处钩（3针长针，2针锁针，3针长针），3针锁针，在第1、2组长针之间的短针内钩2针长针，3针锁针，在第2组长针中央钩（3针长针，2针锁针，3针长针），3针锁针，在第2、3组长针之间的短针内钩2针长针，3针锁针，在第3组长针中央钩（3针长针，2针锁针，3针长针），3针锁针，在第3、4组长针之间的短针内钩2针长针，3针锁针，在起始长针处引拔1针，后2针各钩1针引拔针，在整段锁针内钩1针引拔针。【共32针长针、8段3针的锁针、4段2针的锁针】

第2圈： 同一段2针的锁针段内再钩（3针锁针，2针长针，2针锁针，3针长针），在每段3针的锁针段内钩3针长针，*在2针的锁针段内钩（3针长针，2针锁针，3针长针），在3针的锁针段内钩3针长针**，重复*到**直到最后，引拔成环。【共16组长针组合】

第3-5圈： 2针引拔针，在整段锁针内钩（1针引拔针，3针锁针，2针长针，2针锁针，3针长针），在每组长针之间钩3针长针，*在整段锁针内钩（3针长针，2针锁针，3针长针），在每组长针之间钩3针长针**，重复*到**直到最后，在起始长针处引拔。【共28组长针】
44号线断线。

在第5圈任意针内加入45号线。

第6圈： 1针锁针，*在下一段锁针前的每针内钩1针短针，在整段锁针内钩（1针短针，1针锁针，1针短针）**，重复*到**3次，引拔成环。【共92针短针、4针锁针】
45号线断线。

48	
49	
45	
12	
44	

方格钩织图

蝴蝶钩织图

73

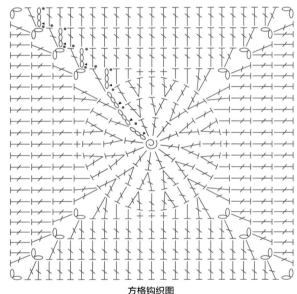

方格钩织图

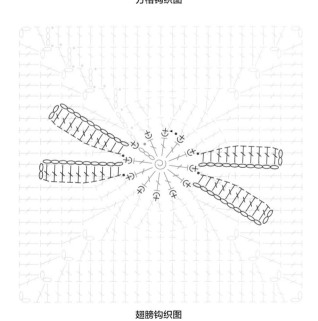

翅膀钩织图

蜻蜓

方格

钩针：4mm
43号线绕线作环起针。
第1圈：3针锁针，在环内钩11针长针。【共12针长针】
43号线断线。
在第1圈任意针内加入33号线，第2圈的钩织均在第1圈的外侧半针完成：
第2圈：3针锁针，同一针内再钩1针长针，每针内钩2针长针，引拔成环。【共24针长针】
第3圈：3针锁针，同一针内再钩1针长针，1针长针，*长针1针放2针，1针长针**，重复*到**直到最后，引拔成环。【共36针长针】
第4圈：3针锁针，同一针内再钩1针长针，2针锁针，长针1针放2针，2针中长针，3针短针，2针中长针，*长针1针放2针，2针锁针，长针1针放2针，2针中长针，3针短针，2针中长针**，重复*到**2次，在起始锁针第3针处引拔，下一针钩1针引拔针，在角落整段锁针内钩1针引拔针。【共44针、4段锁针】
第5圈：在角落整段锁针内钩（3针锁针，1针长针，2针锁针，2针长针），在下一段锁针前的每针内钩1针长针，*在每段锁针内钩（2针长针，2针锁针，2针长针），在下一段锁针前的每针内钩1针长针**，重复*到**2次，在起始锁针的第3针处引拔，下一针钩1针引拔针，在整段锁针内钩1针引拔针。【共60针长针、4段锁针】
第6圈：重复第5圈的钩织。【共76针长针、4段锁针】
33号线断线。

翅膀

在方格第1圈顶部的内侧半针加入43号线。以下钩织均在内侧半针完成：
钩法：3针短针，*12针锁针，在倒数锁针第3针处钩1针长针，继续在锁针上钩（7针长针，2针中长针），1针引拔针1针短针，**，重复*到**，4针短针，重复*到**2次，1针短针。【每片"翅膀"共10针】
43号线断线。

身体

31号线16针锁针起针。
钩法：在起针锁针倒数第2针处钩1针短针，8针短针，2针中长针，3针长针，长针1针放4针，翻转织片到锁针的另一侧，钩3针长针，2针中长针，9针短针，短针1针放2针，引拔成环。【共34针】
31号线断线。

触角

在"身体"顶端的一侧加入31号线。
钩法：4针锁针，在倒数第2针锁针内钩1针短针。
31号线断线，并在另一侧重新加入31号线。重复刚才的步骤钩织另一条"触角"。
31号线断线。
将"身体"以图示角度缝在方格上。

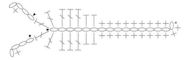

身体和触角钩织图

瓢虫

瓢虫

钩针：2.75mm
7号线绕线作环起针。
第1圈：6针短针，引拔成环。
【共6针短针】
第2圈：3针锁针，后5针每针内钩3针长针，长针1针放2针，引拔成环。【共18针长针】
第3圈：3针锁针，1针长针，重复钩（1针长针，长针1针放2针）8次，引拔成环。【共26针长针】
第4圈：3针锁针，重复钩（长针1针放2针，长针1针放2针，1针长针）8次，长针1针放3针，引拔成环。【共44针长针】
以下两行将钩织"瓢虫"的"头部"和"触角"。所有的钩织均在内侧半针完成。
第5行：1针锁针，1针短针，1针中长针，1针长针，长针1针放2针，长长针1针放2针，1针长针，1针中长针，1针短针，1针引拔针。【共11针】
第6行：1针锁针，翻面，5针引拔针，4针锁针，在倒数第2针锁针处钩1针引拔针，继续在锁针上钩2针引拔针，在锁针起针处再钩1针引拔针，2针引拔针，4针锁针，在倒数第2针锁针处钩1针引拔针，继续在锁针上钩2针引拔针，在锁针起针处再钩1针引拔针，5针引拔针。【共20针引拔针、2段锁针】
7号线断线。

方格

在"瓢虫"第4圈任意针的外侧半针加入27号线，钩1针长针的立针。第1圈的钩织均在第4圈的外侧半针完成：
第1圈：重复（后2针钩长针1针放2针，2针长针）10次，3针长针，引拔成环。【共64针长针】
27号线断线。
将"瓢虫头部"朝上，在第1圈左上角加入29号线，钩1针长长针的立针。
第2圈：同一针内再钩（2针锁针，1针长长针），*1针长长针，2针长针，2针中长针，5针短针，2针中长针，2针长针，1针长长针，在同一针内钩（1针长长针，2针锁针，1针长长针）**，重复*到**3次，最后一次重复时省略（1针长长针，2

针锁针，1针长长针），引拔成环。【共68针、4段锁针】
第3圈：在同一段锁针内钩（1针引拔针，3针锁针，1针长针，2针锁针，2针长针），*17针长针，在整段锁针内钩（2针长针，2针锁针，2针长针）**，重复*到**3次，最后一次重复时省略（2针长针，2针锁针，2针长针），引拔成环。【共84针长针、4段锁针】
第4圈：3针锁针，1针长针，*在整段锁针内钩（2针长针，3针锁针，2针长针），21针长针**，重复*到**3次，最后一次重复时省略最后2针长针，引拔成环。【共100针长针、4段锁针】
第5圈：3针锁针，3针长针，*在整段锁针内钩（2针长针，3针锁针，2针长针），25针长针**，重复*到**3次，最后一次重复时省略最后4针长针，引拔成环。【共116针长针、4段锁针】
29号线断线。

翅膀

14号线绕线作环起针。
第1圈：6针短针，引拔成环。【共6针短针】
第2圈：3针锁针，后5针每针内钩3针长针，长针1针放2针，引拔成环。【共18针长针】
第3圈：3针锁针，1针长针，重复钩（1针长针，长针1针放2针）8次，引拔成环。【共26针长针】
第4圈：将织片对折成半圆形，钩1针锁针，沿着半圆形边缘以短针缝合。【共12针短针】
14号线断线。重复以上步骤共钩织2片"翅膀"。

斑点

2号线绕线作环起针。
4针短针，拉紧，引拔成环。【共4针短针】
2号线断线。重复以上步骤共钩织6颗"斑点"。

收尾

在每片"翅膀"上缝3颗"斑点"。
将"翅膀"顶端缝在"头部"两侧。

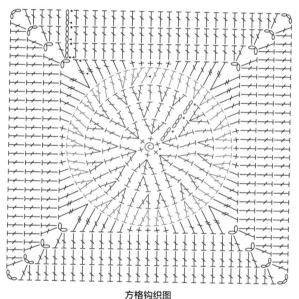

方格钩织图

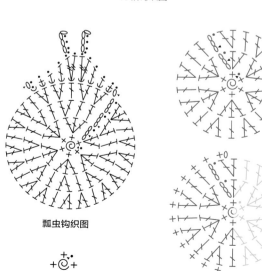

瓢虫钩织图

斑点钩织图

翅膀钩织图

7	■
27	■
29	■
14	■
2	■

青蛙

方格

钩针：2.75mm
27号线绕线作环起针。
第1圈：6针短针，引拔成环。【共6针短针】
第2圈：3针锁针，后5针每针内钩3针长针，长针1针放2针，引拔成环。【共18针长针】
第3圈：3针锁针，1针长针，重复钩（1针长针，长针1针放2针）8次，引拔成环。【共26针长针】
第4圈：3针锁针，重复钩（长针1针放2针，长针1针放2针，1针长针）8次，长针1针放3针，引拔成环。【共44针长针】
第5圈：3针锁针，重复（后2针长针1针放2针，2针长针）10次，3针长针，引拔成环。【共64针长针】
27号线断线。在第5圈任意针内加入31号线，钩1针长长针的立针。
第6圈：同一针内再钩（2针锁针，1针长长针），*1针长长针，2针长针，2针中长针，5针短针，2针中长针，2针长针，1针长长针，在同一针内钩（1针长长针，2针锁针，1针长长针）**，重复*到**3次，最后一次重复时省略（1针长长针，2针锁针，1针长长针），引拔成环。【共68针、4段锁针】
第7圈：在同一段锁针内钩（1针引拔针，3针锁针，1针长针，2针锁针，2针长针），*17针长针，在整段锁针内钩（2针长针，2针锁针，2针长针）**，重复*到**3次，最后一次重复时省略（2针长针，2针锁针，2针长针），引拔成环。【共84针长针、4段锁针】
第8圈：3针锁针，1针长针，*在整段锁针内钩（2针长针，3针锁针，2针长针），21针长针**，重复*到**3次，最后一次重复时省略最后2针长针，引拔成环。【共100针长针、4段锁针】
第9圈：3针锁针，3针长针，*在整段锁针内钩（2针长针，3针锁针，2针长针），25针长针**，重复*到**3次，最后一次重复时省略最后4针长针，引拔成环。【共116针长针、4段锁针】
31号线断线。

后腿

27号线绕线作环起针。
第1圈：在环内钩6针短针。【共6针短针】
第2圈：每针内钩2针短针。【共12针短针】
第3-5圈：每针内钩1针短针。【共12针短针】
第6圈：重复钩（短针2针并1针，4针短针）2次。【共10针短针】
第7-8圈：每针内钩1针短针。【共10针短针】
第9圈：重复钩（短针2针并1针，3针短针）2次。【共8针短针】
第10-12圈：每针内钩1针短针。【共8针短针】
第13圈：重复钩（短针2针并1针，2针短针）2次。【共6针短针】
第14圈：重复钩（短针2针并1针，1针短针）2次。【共4针短针】
第15圈：每针内钩1针短针。【共4针短针】
27号线断线。重复以上步骤共钩织2条"后腿"。
将"后腿"缝在方格上，下端轻微内倾。

脚

27号线6针锁针起针。
第1行：在起针锁针倒数第2针处钩1针短针，继续在锁针上钩2针中长针，2针长针。【共5针】
第2行：1针锁针，翻面，在内侧半针钩（2针长针，2针中长针，1针短针）。【共5针】
27号线断线。重复以上步骤共钩织2只"脚"。
将"脚"缝在"后腿"下端，朝向外侧。

前腿

27号线绕线作环起针。
第1圈：在环内钩4针短针。【共4针短针】
第2圈：每针内钩2针短针。【共8针短针】
第3-4圈：每针内钩1针短针。【共8针短针】
第5圈：重复钩（短针2针并1针，2针短针）2次。【共6针短针】
第6-8圈：每针内钩1针短针。【共6针短针】
第9圈：捏紧开口端，将钩针同时穿过织片的两面，钩2针短针。【共2针短针】
第10圈：4针锁针，在倒数第2针锁针处钩1针引拔针，继续在锁针上钩2针引拔针，在锁针起针处引拔。【共4针引拔针】

（接下页）

27
31
1
2
48

方格钩织图

脚钩织图

眼睑钩织图

眼睛钩织图

（接上页）

第11圈： 5针锁针，在倒数第2针锁针处钩1针引拔针，继续在锁针上钩3针引拔针，在第9圈第1针短针处引拔。【共5针引拔针】

第12圈： 4针锁针，在倒数第2针锁针处钩1针引拔针，继续在锁针上钩2针引拔针，在第9圈第2针短针处引拔。【共4针引拔针】

27号线断线。重复以上步骤共钩织2条"前腿"。

将"前腿"缝在方格第1圈两侧。

眼睑

27号线绕线作环起针。

钩法： 3针锁针，9针长针，拉紧，引拔成环。【共10针长针】

27号线断线。重复以上步骤共钩织2片"眼睑"。

眼睛

1号线绕线作环起针。

钩法： 6针短针，拉紧，引拔成环。【共6针短针】

1号线断线。重复以上步骤共钩织2只"眼睛"。

使用2号线，在"眼睛"上绣上"眼珠"，并缝在"眼睑"上。

将"眼睑"缝在方格上，左右相隔约5针，"眼睑"的下半部分应覆盖在"青蛙头部"。

使用48号线，在"眼睛"下方绣上"嘴巴"。

蜗牛

方格

钩针：4mm
32号线绕线作环起针。

第1圈： 3针锁针，在环内钩11针长针。【共12针长针】

第2圈： 3针锁针，同一针内再钩1针长针，每针内钩2针长针。【共24针长针】

第3圈： 3针锁针，同一针内再钩1针长针，1针长针，*长针1针放2针，1针长针**，重复*到**直到最后。【共36针长针】

32号线断线。

在第3圈任意针内加入31号线。第4圈的钩织均在第3圈的外侧半针完成：

第4圈： 3针锁针，同一针内再钩1针长针，2针锁针，长针1针放2针，2针中长针，3针短针，2针中长针，*长针1针放2针，2针锁针，长针1针放2针，2针中长针，3针短针，2针中长针**，重复*到**2次，在起始锁针第3针处引拔，下一针再钩1针引拔针，在角落整段锁针内钩1针引拔针。【共44针、4段锁针】

第5圈： 在角落整段锁针内钩（3针锁针，1针长针，2针锁针，2针长针），在下一段锁针前的每针内钩1针长针，*在每段锁针内钩（2针长针，2针锁针，2针长针），在下一段锁针前的每针内钩1针长针**，重复*到**2次，在起始锁针的第3针处引拔，下一针再钩1针引拔针，在整段锁针内钩1针引拔针。【共60针长针、4段锁针】

第6–7圈： 重复第5圈的钩织。【共92针长针、4段锁针】

31号线断线。

如图，使用42号线，在方格中央绣上3个法式结。

身体

45号线4针锁针起针。

在方格第3圈左上角向左数第5针处加入锁针，钩1针短针，第1行的钩织均在第3圈的内侧半针完成：

第1行： 18针短针。【共19针短针、4针锁针】

第2行： 1针锁针，翻面，23针短针。【共23针短针】

第3行： 1针锁针，翻面，20针短针，1针中长针，长针1针放3针，1针中长针。【共25针】

45号线断线。

触角

在"蜗牛头部"顶端加入45号线。

钩法： 4针锁针，在锁针倒数第3针处引拔。【共1针引拔针、4针锁针】

45号线断线。重复以上步骤共钩织2条"触角"。

将"触角"缝在方格上。

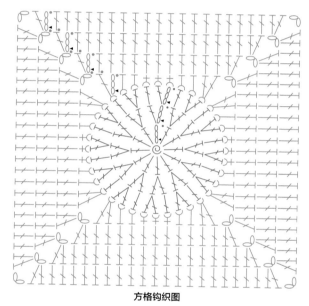

方格钩织图

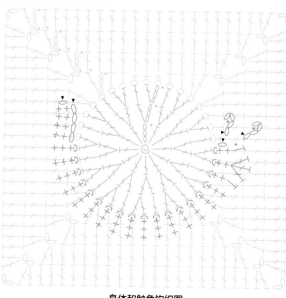

身体和触角钩织图

花卉植物

45
17
21
1
27
31
38
39

方格钩织图

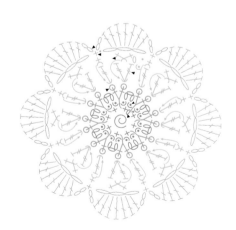

花朵钩织图

复古花朵

花朵

钩针：4mm
45号线绕线作环起针。
第1圈： 1针锁针，在环内钩8针短针，引拔成环。【共8针短针】
在第1针短针的内侧半针钩1针引拔针。第2行的钩织均在第1行的内侧半针完成：
第2圈： 3针锁针，同一针内再钩1针引拔针，*同一针内钩（1针引拔针，3针锁针，1针引拔针）**，重复*到**6次。【共16针引拔针、8段锁针】
45号线断线。
在第2圈任意针内加入17号线。
第3圈的钩织均在织片反面第1圈上完成：
第3圈： 每针内钩2针圈圈针。【共16针圈圈针】
17号线断线。
在第3圈任意针内加入21号线。
第4圈的钩织均在第3圈的内侧半针完成：
第4圈： 同一针内钩2针长长针，1针长长针，重复钩（长长针1针放2针，1针长长针）7次，在起始长长针的外侧半针引拔。【共24针长长针】
第5圈的钩织均在第3圈和第4圈相应针目的外侧半针完成：
第5圈： 1针锁针，同一针内再钩2针短针，1针短针，重复钩（短针1针放2针，1针短针）7次，在起始锁针处引拔。【共24针短针】
21号线断线。
在第5圈的任意针内加入1号线。
第6圈： 1针短针，3针锁针，跳过2针，重复钩（1针短针，3针锁针，跳过2针）7次，在起始短针处引拔。【共8针短针、8段锁针】
第7圈： *2针锁针，在整段锁针内钩7针长长针，2针锁针，1针引拔针**，重复*到**7次。【共56针长长针、8针引拔针、16段锁针】
1号线断线。

方格

在第6圈任意针内加入27号线。
第8圈： 重复钩（引拔针的后钩针，4针锁针）8次，在起始后钩针处引拔。【共8针引拔针的后钩针、8段锁针】
第9圈： 在整段锁针内钩1针引拔针，1针锁针，*在整段锁针内钩（1针短针，2针锁针，1针

长针，2针锁针，1针长针，2针锁针）**，重复*到**7次，在起始锁针处引拔。【共16针长针、8针短针、24段锁针】
第10圈的钩织均在第9圈的锁针段内完成：
第10圈： 在整段锁针内钩1针引拔针，1针锁针，*在整段锁针内钩1针短针，2针锁针，在下一段锁针内钩（1针长针，2针锁针，1针长针），2针锁针，在下一段锁针内钩1针短针，2针锁针**，重复*到**7次，在起始短针处引拔。【共16针长针、16针短针、32段锁针】
27号线断线。
在第10圈任意2针长针之间的锁针段内加入31号线，钩1针长针的立针。这针视为第11圈的第1针。第11圈的钩织均在锁针段内完成：
第11圈： *在整段锁针内钩（3针长针，2针锁针，3针长针），3针锁针，跳过1段锁针，在整段锁针内钩1针短针，3针锁针，跳过1段锁针，在整段锁针内钩1针引拔针，3针锁针，跳过1段锁针，在整段锁针内钩1针短针，3针锁针，跳过1段锁针**，重复*到**3次，在起始长针处引拔。【共24针长针、8针短针、4针引拔针、16段3针的锁针、4段2针的锁针】
31号线断线。
在第11圈任意的2针锁针段内加入38号线，钩1针长针的立针。这针视为第12圈的第1针。第12圈的钩织均在锁针段内完成：
第12圈： *在2针的锁针段内钩（3针长针，2针锁针，3针长针），3针锁针，重复（在3针的锁针段内钩1针短针，3针锁针）4次**，重复*到**3次，在起始长针处引拔。【共24针长针、16针短针、20段3针的锁针、4段2针的锁针】
38号线断线。
在第12圈任意的2针锁针段内加入39号线，钩1针长针的立针。这针视为第13圈的第1针。第13圈的钩织均在锁针段内完成：
第13圈： *在2针的锁针段内钩（3针长针，2针锁针，3针长针），在每段3针的锁针段内钩3针长针**，重复*到**3次，在起始长针处引拔。【共84针长针、4段锁针】
39号线断线。

多肉植物

方格

钩针：2.75mm

23号线绕线作环起针。

第1圈：6针短针，引拔成环。【共6针短针】

第2圈：3针锁针，后5针每针内钩3针长针，长针1针放2针，引拔成环。【共18针长针】

第3圈：3针锁针，1针长针，重复钩（1针长针，长针1针放2针）8次，引拔成环。【共26针长针】

23号线断线。

在第3圈任意针内加入10号线，钩1针引拔针。

第4圈：3针锁针，同一针内再钩长针2针的泡芙针，重复钩（2针锁针，长针3针的泡芙针）25次，2针锁针，在起始泡芙针处引拔成环。【共26针泡芙针、26段锁针】

第5圈：在整段锁针内钩1针引拔针，3针锁针，长针3针的爆米花针，重复钩（2针锁针，长针4针的爆米花针）25次，2针锁针，引拔成环。【共26针爆米花针、26段锁针】

10号线断线。

在第5圈任意段锁针内加入5号线，钩1针长长针的立针。第6圈的钩织将上一圈的整段锁针视为1针。

第6圈：同一针内再钩（2针锁针，1针长长针），*1针长长针，2针长针，2针中长针，5针短针，2针中长针，2针长针，1针长长针，在同一针内钩（1针长长针，2针锁针，1针长长针）**，重复*到**3次，最后一次重复时省略（1针长长针，2针锁针，1针长长针），引拔成环。【共68针、4段锁针】

第7圈：在同一段锁针内钩（1针引拔针，3针锁针，1针长针，2针锁针，2针长针），*17针长针，在整段锁针内钩（2针长针，2针锁针，2针长针）**，重复*到**3次，最后一次重复时省略（2针长针，2针锁针，2针长针），引拔成环。【共84针长针、4段锁针】

第8圈：3针锁针，1针长针，*在整段锁针内钩（2针长针，3针锁针，2针长针），21针长针**，重复*到**3次，最后一次重复时省略最后2针长针，引拔成环。【共100针长针、4段锁针】

第9圈：3针锁针，3针长针，*在整段锁针内钩（2针长针，3针锁针，2针长针），25针长针**，重复*到**3次，最后一次重复时省略最后4针长针，引拔成环。【共116针长针、4段锁针】

5号线断线。

多肉植物

在方格第1圈任意针的外缘加入23号线。

第1圈：*1针引拔针，同一针内再钩1针中长针，1针锁针，下一针内钩（1针中长针，引拔1针）**，重复*到**2次，共钩织3片"花瓣"，引拔成环。【共3片"花瓣"，每片共2针引拔针、2针中长针、1针锁针】

23号线断线，在方格第2圈重新加入23号线，与"多肉植物"第1圈的任意"花瓣"尖端对齐，钩1针立针。第2圈的钩织均在方格第2圈上完成：

第2圈：*1针短针，下一针内钩（1针中长针，1针长针，1针狗牙针），下一针内钩（1针长针，1针中长针）**，重复*到**5次，共钩织6片"花瓣"，在起始短针引拔1针成环。【共6片"花瓣"，每片共1针短针、2针中长针、2针长针、1针狗牙针】

23号线断线，在方格第2圈外缘重新加入23号线，与"多肉植物"第2圈的任意"花瓣"尖端对齐，钩1针立针。第3圈的钩织均在方格第2圈外缘完成，将第2圈的"花瓣"微微向内折叠，以方便钩织：

第3圈：*同一针内钩（1针中长针，1针长针），下一针内钩（1针长针，1针狗牙针，1针长针），下一针内钩（1针长针，1针中长针）**，重复*到**5次，共钩织6片"花瓣"，引拔1针成环。【共6片"花瓣"，每片共2针中长针、4针长针、1针狗牙针】

23号线断线，在方格第3圈重新加入23号线，与"多肉植物"第3圈的任意"花瓣"尖端对齐，钩1针短针的立针。第4圈的钩织均在方格第3圈外缘完成：

第4圈：21针短针，重复钩（短针2针并1针）2次，1针短针，引拔成环。【共24针短针】

第5圈：同一针内钩（1针锁针，1针中长针），下一针内钩（2针长针，1针狗牙针，2针长针），下一针内钩（1针中长针，1针短针），*下一针内钩（1针短针，1针中长针），下一针内钩（2针长针，1针狗牙针，2针长针），下一针内钩（1针中长针，1针短针）**，重复*到**6次，引拔成环。【共8片"花瓣"，每片共2针短针、2针中长针、4针长针、1针狗牙针】

23号线断线。

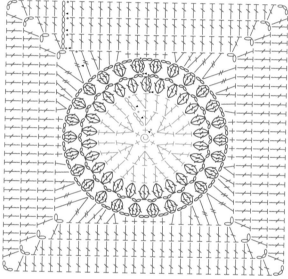

方格钩织图

多肉植物钩织图

蕾丝花朵

方格

钩针：4mm

21号线绕线作环起针。

第1圈： 3针锁针，在环内钩11针长针。【共12针长针】

21号线断线。

在第1圈任意针的内侧半针加入44号线。第2圈的钩织均在第1圈的内侧半针完成：

第2圈： 每针内钩（1针引拔针，3针锁针，1针长针，3针锁针，1针引拔针）。【共12针长针、24针引拔针、24段锁针】

44号线断线。

在第1圈任意针的外侧半针加入45号线。第3圈的钩织均在第1圈的外侧半针完成：

第3圈： 每针内钩（1针引拔针，6针锁针，长长针2针并1针，6针锁针）。【共12针长长针2针并1针、24针引拔针、24段锁针】

45号线断线。

在第3圈任意长长针2针并1针内加入19号线。

第4圈： *在长长针2针并1针内钩1针短针，4针锁针**，重复*到**11次。【共12针短针、12段锁针】

第5圈： *在短针内钩1针引拔针，钩3针锁针，在整段锁针内钩（2针长针，2针中长针），跳过短针，在整段锁针内钩5针短针，跳过短针，在整段锁针内钩（2针中长针，2针长针），3针锁针**，重复*到**3次，引拔成环。【共16针长针、16针中长针、20针短针、8段锁针、4针引拔针】

第6圈： 在整段锁针内钩（1针锁针，1针短针），*2针中长针，2针长针，3针锁针，跳过2针，1针引拔针，3针锁针，跳过2针，2针长针，2针中长针，在整段锁针内钩1针短针，6针锁针，下一段锁针内钩1针短针**，重复*到**3次，引拔成环。【共16针长针、16针中长针、8

21	
44	
45	
19	

方格钩织图

针短针、4段6针的锁针、8段3针的锁针、4针引拔针】

第7圈： 2针锁针，4针中长针，在3针的锁针内钩1针短针，4针锁针，在3针的锁针内钩1针短针，5针中长针，在6针的锁针内钩7针中长针，*5针中长针，在3针的锁针内钩1针短针，4针锁针，在3针的锁针内钩1针短针，5针中长针，在6针的锁针内钩7针中长针**，重复*到**2次。【共68针中长针、8针短针、4段锁针】

19号线断线。

在第7圈任意7针的中长针中的第4针内加入44号线。

第8圈： 1针锁针，*在7针中长针的第4针内钩（1针短针，2针锁针，1针短针），1针锁针，跳过1针，重复钩（1针短针，1针锁针，跳过1针）3次，重复钩在整段锁针内钩（1针短针，1针锁针）3次，重复钩（1针短针，1针锁针，跳过1针）4次**，重复*到**4次。【共52针短针、48针锁针、4段锁针】

44号线断线。

在第8圈任意段锁针内加入45号线。

第9圈： 1针锁针，*在整段锁针内钩（1针短针，2针锁针，1针短针），跳过1针，1针锁针，重复钩（1针短针，跳过1针，1针锁针）12次**，重复*到**3次。【共56针短针、4段锁针、52针锁针】

45号线断线。

在第9圈任意段锁针内加入19号线。

第10圈： 1针锁针，*在整段锁针内钩（1针短针，2针锁针，1针短针），跳过1针，1针锁针，重复钩（1针短针，跳过1针，1针锁针）13次**，重复*到**3次。【共60针短针、4段锁针、56针锁针】

19号线断线。

毛绒花朵

方格

钩针：4mm

39号线绕线作环起针。

第1圈： 1针锁针，在环内钩8针短针，在起始短针的内侧半针引拔。【共8针短针】

第2圈的钩织均在第1圈的内侧半针完成：

第2圈： 同一针内钩（3针锁针，1针长针，3针锁针，1针引拔针），*同一针内钩（1针引拔针，3针锁针，1针长针，3针锁针，1针引拔针）**，重复*到**6次。【共8针长针、16针引拔针、16段锁针】

39号线断线。

在第1圈任意针的外侧半针加入31号线，钩1针长针的立针。第3圈的钩织均在第1圈的外侧半针完成：

第3圈： 同一针内再钩1针长针，之后每针内钩2针长针，在起始长针的内侧半针引拔。【共16针长针】

第4圈的钩织均在第3圈的内侧半针完成：

第4圈： 同一针内钩（3针锁针，1针长针，3针锁针，1针引拔针），*同一针内钩（1针引拔针，3针锁针，1针长针，3针锁针，1针引拔针）**，重复*到**14次。【共16针长针、32针引拔针、32段锁针】

31号线断线。

在第3圈任意针的外侧半针加入27号线，钩1针长针的立针。第5圈的钩织均在第3圈的外侧半针完成：

第5圈： 同一针内再钩1针长针，1针长针，*长针1针放2针，1针长针**，重复*到**6次，在起始长针的内侧半针引拔。【共24针长针】

第6圈的钩织均在第5圈的内侧半针完成：

第6圈： 同一针内钩（3针锁针，1针长针，3针锁针，1针引拔针），*同一针内钩（1针引拔针，3针锁针，1针长针，3针锁针，1针引拔针）**，重复*到**22次。【共24针长针、48针引拔针、48段锁针】

27号线断线。

在第5圈任意针的外侧半针加入21号线，钩1针长针的立针。第7圈的钩织均在第5圈的外侧半针完成：

第7圈： 同一针内再钩1针长针，2针长针，*长针1针放2针，2针长针**，重复*到**6次，在起始长针的内侧半针引拔。【共32针长针】

第8圈的钩织均在第7圈的内侧半针完成：

第8圈： 同一针内钩（3针锁针，1针长针，3针锁针，1针引拔针），*同一针内钩（1针引拔针，3针锁针，1针长针，3针锁针，1针引拔针）**，重复*到**30次。【共32针长针、64针引拔针、64段锁针】

21号线断线。

在第7圈任意针的外侧半针加入17号线，钩1针长针的立针。第9圈的钩织均在第7圈的外侧半针完成：

第9圈： 同一针内再钩1针长针，3针长针，*长针1针放2针，3针长针**，重复*到**6次，在起始长针的内侧半针引拔。【共40针长针】

第10圈的钩织均在第9圈的内侧半针完成：

第10圈： 同一针内钩（3针锁针，1针长针，3针锁针，1针引拔针），*同一针内钩（1针引拔针，3针锁针，1针长针，3针锁针，1针引拔针）**，重复*到**38次。【共40针长针、80针引拔针、80段锁针】

17号线断线。

在第9圈任意针的外侧半针加入45号线，钩1针长长针的立针。第11圈的钩织均在第9圈的外侧半针完成：

第11圈： 同一针内再钩2针长长针，2针锁针，长长针1针放3针，跳过2针，重复钩（长针1针放3针，跳过2针）2次，*长长针1针放3针，2针锁针，长长针1针放3针，跳过2针，重复钩（长针1针放3针，跳过2针）2次**，重复*到**2次，在起始长长针处引拔。【共24针长长针、24针长针、4段锁针】

第12圈： 2针引拔针，在整段锁针内钩（1针引拔针，3针锁针，2针长针，2针锁针，3针长针），跳过3针，重复钩（长针1针放4针，跳过3针）3次，*在整段锁针内钩（3针长针，2针锁针，3针长针），跳过3针，重复钩（长针1针放4针，跳过3针）3次**，重复*到**2次，在起始锁针第3针处引拔。【共72针长针、4段锁针】

45号线断线。

在第12圈任意段锁针内加入1号线。

第13圈： 1针锁针，*在整段锁针内钩（2针中长针，2针锁针，2针中长针），18针中长针**，重复*到**3次。【共88针中长针、4段锁针】

1号线断线。

方格钩织图

39	
31	
27	
21	
17	
45	
1	

祖母花朵

花朵

钩针：4mm

39号线绕线作环起针。

第1圈： 3针锁针，在环内钩15针长针。【共16针长针】

39号线断线。

在第1圈任意两针的间隙中加入31号线，钩1针长针的立针。这一针视为第2圈的第1针。第2圈的钩织均在第1圈每两针的间隙中完成：

第2圈： 重复钩（1针长针，1针锁针）16次。【共16针长针、16针锁针】

31号线断线。

在第2圈任意锁针内加入27号线，钩1针长针的立针。这一针视为第3圈的第1针。第3圈的钩织均在第2圈的锁针上完成：

第3圈： 同一针内再钩1针长针，重复钩（长针1针放2针）15次。【共32针长针】

27号线断线。

在第3圈任意两组长针的间隙中加入1号线，钩1针短针的立针。这一针视为第4圈的第1针。

第4圈： 3针锁针，跳过2针长针，*在两组长针的间隙钩1针短针，3针锁针，跳过2针长针**，重复*到**15次，在起始短针处引拔。【共16针短针、16段锁针】

第5圈： 在整段锁针内钩1针引拔针，1针锁针，*在整段锁针内钩1针短针，跳过短针，在下一段锁针内钩7针长长针，跳过短针**，重复*到**7次，在起始短针处引拔。【共56针长长针、8针短针】

1号线断线。

方格

在第4圈任意短针内加入21号线。

第6圈： *在第4圈短针上钩1针引拔针的后钩针，3针锁针**，重复*到**15次，在起始后钩针处引拔。【共16针引拔针的后钩针、16段锁针】

第7圈： 在整段锁针内钩（1针引拔针，4针锁针，2针长长针，2针锁针，3针长长针），重复（在整段锁针内钩3针长长针）3次，*在下一段锁针内钩（3针长长针，2针锁针，3针长长针），重复（在整段锁针内钩3针长长针）3次**，重复*到**2次，在起始锁针第4针处引拔。【共24针长长针、36针长针、4段锁针】

21号线断线。

在第7圈任意段锁针内加入17号线，钩1针长针的立针。这一针视为第8圈的第1针。

第8圈： *在整段锁针内钩（3针长针，2针锁针，3针长针），跳过3针，重复（在整段锁针内钩3针长针，跳过3针）4次**，重复*到**3次。【共72针长针、4段锁针】

17号线断线。

在第8圈任意段锁针内加入13号线，钩1针长针的立针。这一针视为第9圈的第1针。

第9圈： *在整段锁针内钩（3针长针，2针锁针，3针长针），跳过3针，重复（在整段锁针内钩3针长针，跳过3针）5次**，重复*到**3次。【共84针长针、4段锁针】

13号线断线。

在第9圈任意段锁针内加入45号线。

第10圈： 1针锁针，*在整段锁针内钩（1针短针，2针锁针，1针短针），21针短针**，重复*到**3次。【共92针短针、4段锁针】

45号线断线。

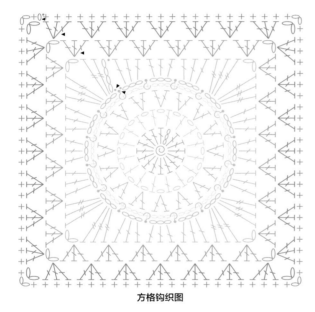

	39
	31
	27
	1
	21
	17
	13
	45

方格钩织图

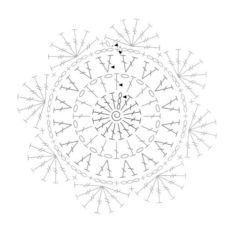

花朵钩织图

爆米花花朵

方格

钩针：4mm

21号线绕线作环起针。

第1圈：2针锁针，在环内钩7针中长针，在起始锁针第2针处引拔。【共8针中长针】

21号线断线。

在第1圈任意针内加入1号线。

第2圈：3针锁针，同一针内再钩1针长针4针的爆米花针，2针锁针，重复钩（1针长针5针的爆米花针，2针锁针）7次，在起始爆米花针处引拔。【共8针爆米花针、8段锁针】

1号线断线。

在第2圈任意段锁针内加入45号线。

第3圈：1针锁针，重复（在整段锁针内钩3针短针，在爆米花针上钩1针短针的前钩针）8次，在起始短针处引拔。【共24针短针、8针短针的前钩针】

第4圈：*1针引拔针，跳过1针，在前钩针钩5针长针，跳过1针**，重复*到**7次，在起始引拔针处引拔。【共40针长针、8针引拔针】

45号线断线。

在第4圈任意长针组合的第1针长针处加入17号线，钩1针中长针的后钩针。这一针视为第5圈的第1针。

第5圈：*在每针长针内钩1针中长针的后钩针，在第4圈引拔针和第3圈相应针目上钩1针短针**，重复*到**7次，在起始后钩针处引拔。【共40针中长针的后钩针、8针短针】

17号线断线。

在第5圈任意短针内加入21号线，钩1针长针的立针。这一针视为第6圈的第1针。

第6圈：*在短针内钩7针长长针，跳过2针，1针引拔针，跳过2针**，重复*到**7次。在起始长针处引拔。【共56针长针、8针引拔针】

21号线断线。

在第6圈任意长针组合的第1针内加入27号线，钩1针中长针的后钩针。这一针视为第7圈的第1针。

第7圈：*在每针长针内钩1针中长针的后钩针，在第6圈引拔针和第5圈相应针目上钩1针短针**，重复*到**7次，在起始后钩针处引拔。【共56针中长针的后钩针、8针短针】

27号线断线。

在第7圈任意短针内加入1号线，钩1针长长针的立针。这一针视为第8圈的第1针。第8圈的钩织均在第7圈的外侧半针完成：

第8圈：*在短针内钩（1针长长针，1针锁针，1针长长针，1针锁针，1针长长针，2针锁针，1针长长针，1针锁针，1针长长针，1针锁针，1针长长针）跳过3针，1针短针，2针中长针，3针长针，2针中长针，1针短针，跳过3针**，重复*到**3次，在起始长长针处引拔。【共24针长长针、12针长针、16针中长针、8针短针、16针锁针、4段锁针】

1号线断线。

在第8圈任意段锁针内加入31号线，钩1针长针的立针。这一针视为第9圈的第1针。

第9圈：*在整段锁针内钩（2针长针，2针锁针，2针长针），重复（跳过1针，在锁针内钩2针长针）2次，跳过1针，9针长针，跳过1针，重复（在锁针内钩2针长针，跳过1针）2次**，重复*到**3次，在起始长针处引拔。【共84针长针、4段锁针】

31号线断线。

在第9圈任意段锁针内加入39号线，钩1针中长针的立针。这一针视为第10圈的第1针。

第10圈：*在整段锁针内钩（2针中长针，2针锁针，2针中长针），21针中长针**，重复*到**3次，在起始中长针处引拔。【共100针中长针、4段锁针】

39号线断线。

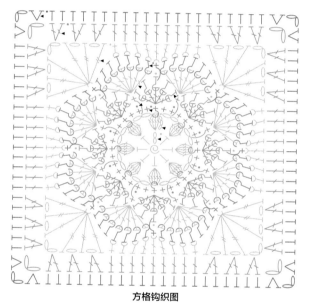

方格钩织图

21
1
45
17
27
31
39

多层花朵

内层花朵

钩针：4mm
21号线绕线作环起针。
第1圈： 1针锁针，在环内钩8针短针，在起始短针处引拔。【共8针短针】
21号线断线。
在第1圈任意针内加入1号线。
第2圈： 在每针内钩（1针引拔针，3针锁针，1针中长针4针的泡芙针，3针锁针，1针引拔针）。【共16段锁针、8针泡芙针、16针引拔针】
1号线断线。
在第1圈任意针内加入45号线，引拔1针。将钩针置于第2圈泡芙针的右侧。这一针视为第3圈的第1针。
第3圈： *在第1圈的针目上钩1针引拔针（在第2圈的针目之上操作），在整段锁针内钩3针短针，在泡芙针上钩1针短针的前钩针，在整段锁针内钩3针短针，在第1圈同一针内再钩1针引拔针（在第2圈的针目之上操作）**，重复*到**7次。【共48针短针、8针短针的前钩针、16针引拔针】
45号线断线。
在第3圈任意短针的前钩针内加入39号线，钩1针引拔针。这一针视为第4圈的第1针。第4圈的钩织均在第3圈的外侧半针完成：
第4圈： *在前钩针处钩1针引拔针，3针锁针，跳过2针，在第3圈引拔针两侧的短针上各钩1针引拔针，3针锁针，跳过2针**，重复*到**7次，在起始引拔针处引拔。【共16针引拔针、16段锁针】
第5圈： 在整段锁针内钩（1针引拔针，3针锁针，1针长长针，1针中长针，1针短针），在下一段锁针内钩（1针短针，1针中长针，2针长针），*在下一段锁针内钩（2针长针、1针中长针、1针短针），在下一段锁针内钩（1针短针，1针中长针，2针长针）**，重复*到**6次。【共32针长针、16针中长针、16针短针】
39号线断线。

外层花朵

在第4圈任意引拔针内加入31号线，钩1针引拔针的后钩针。这一针视为第6圈的第1针。
第6圈： 重复（在第4圈的引拔针上钩1针引拔针的后钩针，4针锁针）8次，在起始后钩针处引拔。【共8针引拔针的后钩针、8段锁针】
第7圈： 在整段锁针内钩1针引拔针，1针锁针，*在整段锁针内钩（1针中长针，1针长针，2针长针，1针锁针，2针长针，1针长针，1针中长针）**，重复*到**7次，在起始引拔针上引拔。【共32针长长针、16针长针、16针中长针、8针锁针】
31号线断线。

方格

在第6圈任意后钩针内加入1号线，钩1针引拔针的后钩针。这一针视为第8圈的第1针。
第8圈： 重复（在第6圈的后钩针上钩1针引拔针的后钩针，5针锁针）8次，在起始后钩针上引拔。【共8针引拔针的后钩针、8段锁针】
第9圈： 在整段锁针内钩（1针引拔针，4针锁针，2针长长针，3针锁针，3针长长针），在下一段锁针内钩3针长长针，*在下一段锁针内钩（3针长长针，3针锁针，3针长长针），在下一段锁针内钩3针长长针**，重复*到**2次，在起始锁针第4针处引拔。【共24针长长针、12针长针、4段锁针】
第10圈： 2针引拔针，在整段锁针内钩（1针引拔针，3针锁针，2针长针，2针长针，3针长针），跳过3针，重复（在空隙处钩3针长针，跳过3针）2次，*在整段锁针内钩（3针长针，2针锁针，3针长针），跳过3针，重复（在空隙处钩3针长针，跳过3针）2次**，重复*到**2次，在起始锁针第3针处引拔。【共48针长针、4段锁针】
第11圈： 2针引拔针，在整段锁针内钩（1针引拔针，3针锁针，2针长针，2针长针，3针长针），跳过3针，重复（在空隙处钩3针长针，跳过3针）3次，*在整段锁针内钩（3针长针，2针锁针，3针长针），跳过3针，重复（在空隙处钩3针长针，跳过3针）3次**，重复*到**2次，在起始锁针第3针处引拔。【共60针长针、4段锁针】
第12圈： 2针引拔针，在整段锁针内钩（1针引拔针，3针锁针，2针长针，2针长针，3针长针），跳过3针，重复（在空隙处钩3针长针，跳过3针）4次，*在整段锁针内钩（3针长针，2针锁针，3针长针），跳过3针，重复（在空隙处钩3针长针，跳过3针）4次**，重复*到**2次，在起始锁针第3针处引拔。【共72针长针、4段锁针】
1号线断线。
在第12圈任意段锁针内加入27号线，钩1针中长针的立针。这一针视为第13圈的第1针。
第13圈： *在整段锁之内钩（2针中长针，2针锁针，2针中长针），18针中长针，重复**到**3次。【共88针中长针、4段锁针】
27号线断线。

方格钩织图

21
1
45
39
31
27

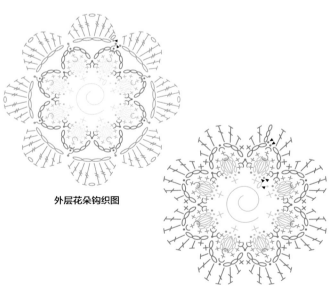

外层花朵钩织图

内层花朵钩织图

花朵抱枕

方格1：左下角

按照"多层花朵"的步骤钩织1片完整的方格，
将45号线替换成21号线，
39号线替换成17号线，
27号线替换成39号线。

方格2：左中部

按照"多层花朵"的步骤钩织1片完整的方格，
将45号线替换成27号线，
39号线替换成31号线，
27号线替换成45号线。

方格3：左上角

按照"多层花朵"的步骤钩织1片完整的方格，
将39号线替换成17号线，
31号线替换成21号线。

方格4：中下部

按照"多层花朵"的步骤钩织1片完整的方格。

方格5：中央方格

按照"多层花朵"的步骤钩织1片完整的方格，
将45号线替换成17号线，
39号线替换成21号线，
31号线替换成27号线，
27号线替换成31号线。

方格6：中上部

按照"多层花朵"的步骤钩织1片完整的方格，
将45号线替换成31号线，
31号线替换成145号线，
27号线替换成17号线。

方格7：右下角

按照"多层花朵"的步骤钩织1片完整的方格，
将45号线替换成31号线，
39号线替换成27号线，
31号线替换成21号线，
27号线替换成17号线。

方格8：右中部

按照"多层花朵"的步骤钩织1片完整的方格，
将45号线替换成39号线，
39号线替换成45号线，
31号线替换成17号线，
27号线替换成21号线。

方格9：右上角

按照"多层花朵"的步骤钩织1片完整的方格，
将45号线替换成21号线，
39号线替换成27号线，
27号线替换成39号线。

组装

在外侧半针将9片方格缝合成"九宫格"。

边缘

在"九宫格"任意角落锁针内加入1号线，钩1针中长针的立针。这一针视为第1圈的第1针。

第1圈： *在角落整段锁针内钩（2针中长针，2针锁针，2针中长针），重复钩（22针中长针，在锁针内钩2针中长针）2次，22针中长针**，重复*到**3次，在起始中长针处引拔。【共296针中长针、4段锁针】

第2圈： 1针引拔针，在整段锁针内钩（1针引拔针，3针锁针，2针长针，2针锁针，3针长针），跳过2针，重复钩（长针1针放3针，跳过2针）24次，*在整段锁针内钩（3针长针，2针锁针，3针长针），跳过2针，重复钩（长针1针放3针，跳过2针）24次**，重复*到**2次，在起始锁针第3针处引拔。【共312针长针、4段锁针】

第3圈： 2针引拔针，在整段锁针内钩1针引拔针，1针锁针，重复（在整段锁针内钩3针中长针，78针中长针）4次。【共324针中长针】
1号线断线。

收尾

将完成的"九宫格"缝在现成的抱枕正面收尾。

1	
45	
17	
21	
27	
31	
39	

牡丹

方格

钩针：4mm

20号线绕线作环起针。

第1圈：3针锁针，在环内钩11针长针，在起始锁针第3针处引拔。【共12针长针】

20号线断线。

在第1圈任意针内加入44号线。

第2圈的钩织均在第1圈的外侧半针完成：

第2圈：3针锁针，同一针内再钩1针长针，重复钩（长针1针放2针）直到最后，在起始锁针第3针处引拔。【共24针长针】

44号线断线。

在第2圈任意针内加入45号线，第3圈的钩织均在第2圈的外侧半针完成：

第3圈：3针锁针，同一针内再钩1针长针，1针长针，*长针1针放2针，1针长针**，重复*到**直到最后，在起始锁针第3针处引拔。【共36针长针】

第4圈：3针锁针，同一针内再钩1针长针，2针锁针，长针1针放2针，2针中长针，3针短针，2针中长针，*长针1针放2针，2针锁针，长针1针放2针，2针中长针，3针短针，2针中长针**，重复*到**2次，在起始锁针第3针处引拔。【共16针长针、16针中长针、12针短针、4段锁针】

45号线断线。

在第4圈任意段锁针内加入19号线。

第5圈：在角落整段锁针内钩（3针锁针，1针长针，2针锁针，2针长针），在下一段锁针前的每针内钩1针长针，*在每段锁针内钩（2针长针，2针锁针，2针长针），在下一段锁针前的每针内钩1针长针**，重复

*到**2次，在起始锁针的第3针处引拔，下一针钩1针引拔针，在整段锁针内钩1针引拔针。【共60针长针、4段锁针】

第6-7圈：重复第5圈的钩织。【共92针长针、4段锁针】

19号线断线。

在第7圈任意段锁针内加入45号线。

第8圈：1针锁针，在第一段锁针内钩（1针短针，1针锁针，1针短针），*在下一段锁针前的每针内钩1针短针，在每段锁针内钩（1针短针，1针锁针，1针短针）**，重复*到**直到最后，省略最后的（1针短针，1针锁针，1针短针），引拔成环。【共100针短针、4针锁针】

45号线断线。

内层花瓣

在方格第1圈任意针的内侧半针加入44号线。

第1圈：1针短针，*同一针内钩（1针中长针，3针长针，1针中长针），1针短针**，重复*到**直到最后，最后一次重复时省略最后1针短针，引拔成环。【共6片"花瓣"、6针短针】

44号线断线。

外层花瓣

在方格第2圈任意针的内侧半针加入44号线。

第2圈：1针短针，*同一针内钩（1针中长针，2针长针，1针中长针），1针短针**，重复*到**直到最后，最后一次重复时省略最后1针短针，引拔成环。【共12片"花瓣"、12针短针】

44号线断线。

20	
44	
45	
19	

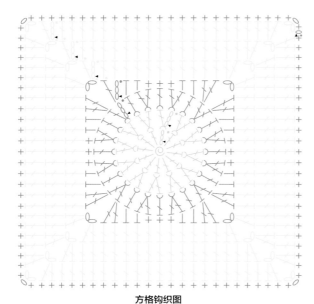

方格钩织图

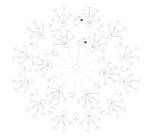

内层和外层花瓣钩织图

大丽花

方格

钩针：4mm

40号线绕线作环起针。

第1圈：3针锁针，在环内钩11针长针，引拔成环。【共12针长针】

40号线断线。

在第1圈任意两针长针的间隙加入48号线。

第2圈：3针锁针，在每两针长针的间隙钩（1针中长针4针的泡芙针，1针锁针），引拔成环。【共12针泡芙针、12针锁针】

48号线断线。

在第2圈任意针内加入19号线。

在这一圈中，锁针被视为1针。

第3圈：*短针1针放2针，1针短针**，重复*到**直到最后，引拔成环。【共36针短针】

第4圈的钩织均在第3圈的外侧半针完成：

第4圈：3针锁针，同一针内再钩1针长针，2针锁针，长针1针放2针，2针中长针，3针短针，2针中长针，*长针1针放2针，2针锁针，长针1针放2针，2针中长针，3针短针，2针中长针**，重复*到**2次，在起始锁针第3针处引拔，下一针钩1针引拔针，在整段锁针内钩1针引拔针。【共16针长针、16针中长针、12针短针、4段锁针】

第5圈：在角落整段锁针内钩（3针锁针，1针长针，2针锁针，2针长针），在下一段锁针前的每针内钩1针长针，*在每段锁针内钩（2针长针，2针锁针，2针长针），在下一段锁针前的每针内钩1针长针**，重复*到**2次，在起始锁针的第3针处引拔，下一针钩1针引拔针，在整段锁针内钩1针引拔。【共60针长针、4段锁针】

第6-7圈：重复第5圈的钩织。【共92针长针、4段锁针】

19号线断线。

在第7圈任意段锁针内加入20号线。

第8圈：1针锁针，在第一段锁针内钩（1针短针，1针锁针，1针短针），*在下一段锁针前的每针内钩1针短针，在每段锁针内钩（1针短针，1针锁针，1针短针）**，重复*到**直到最后，省略最后的（1针短针，1针锁针，1针短针），引拔成环。【共100针短针、4针锁针】

20号线断线。

内层花瓣

在方格第3圈任意针的内侧半针加入20号线。

钩法：重复钩（短针1针放2针，1针锁针，跳过1针）直到最后，引拔成环。【共36针短针、20针锁针】

20号线断线。

外层花瓣

在"内层花瓣"第1圈任意锁针内加入48号线。

第1圈：*在锁针内钩（1针短针，4针锁针），在下一针锁针内钩（1针短针，2针锁针）**，重复*到**9次，在起始短针内引拔。【共10段4针的锁针、10段2针的锁针】

第2圈：在4针的锁针内钩1针引拔针，在每段4针的锁针内钩7针长针，在每段2针的锁针内钩1针短针，引拔成环。【共10组长针组合、10针短针】

48号线断线。

在第2圈任意长针组合的第1针内加入44号线。

第3圈：3针短针，*同一针内钩（1针短针，1针锁针，1针短针），3针短针，在短针上钩1针短针的钉针**，重复*到**直到最后，引拔成环。【每片"花瓣"共8针短针，每两片"花瓣"之间共1针钉针】

44号线断线。

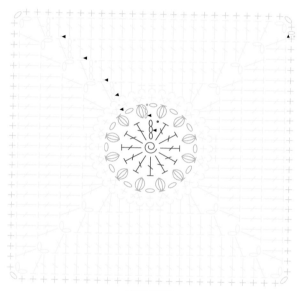

方格钩织图

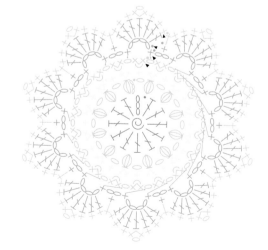

内层和外层花瓣钩织图

40	
48	
19	
20	
44	

紫罗兰

内层花朵

钩针：4mm

42号线绕线作环起针。

第1圈： 3针锁针，在环内钩11针长针，引拔成环。【共12针长针】

42号线断线。

在第1圈任意针内加入43号线。

第2圈： 1针短针，*同一针内钩（1针中长针，4针长针，1针中长针），1针短针**，重复*到**直到最后，省略最后1针短针。【共6片"花瓣"、6针短针】

43号线断线。

外层花朵

在"内层花朵"第2圈任意短针的外侧半针加入42号线。第3圈的钩织均在第2圈的外侧半针完成：

第3圈： *4针锁针，1针引拔针**，重复*到**4次，4针锁针。【共6针引拔针、6段锁针】

第4圈： 在每段锁针内钩（1针短针，1针中长针，1针长针，3针长长针，1针长针，1针中长针，1针短针），在起始短针处引拔。【共6片"花瓣"】

42号线断线。

方格

在"外层花朵"第4圈任意两片"花瓣"的间隙加入42号线。第5圈的钩织均在第4圈的外侧半针完成：

第5圈： 5针锁针，跳过2片"花瓣"，在第2片"花瓣"的左端钩1针引拔针，钩5针锁针，在第3片"花瓣"的左端钩1针引拔针，钩5针锁针，跳过2片"花瓣"，在第5片"花瓣"的左端钩1针引拔针，5针锁针，引拔成环。【共4段锁针】

42号线断线。

在第5圈任意段锁针内加入23号线，钩1针长针的立针。

第6圈： 在整段锁针内继续钩（2针长针，2针锁针，3针长针），2针锁针，*在下一段锁针内钩（3针长针，2针锁针，3针长针），2针锁针**，重复*到**2次。【每边共2组长针组合】

第7圈： 在角落锁针前的每针内钩1针引拔针，在角落锁针段内钩（3针锁针，2针长针，2针锁针，3针长针），在下一段锁针内钩3针长针，*在角落锁针内钩（3针长针，2针锁针，3针长针），在下一段锁针内钩3针长针**，重复*到**直到最后，引拔成环。【每边共3组长针组合】

第8圈： 在角落锁针前的每针内钩1针引拔针，在角落锁针段内钩（3针锁针，2针长针，2针锁针，3针长针），在每两组长针的间隙钩3针长针，*在角落锁针内钩（3针长针，2针锁针，3针长针），在每两组长针的间隙钩3针长针**，重复*到**直到最后，引拔成环。【每边共4组长针组合】

第9~11圈： 重复第8圈。【每边共7组长针组合】

23号线断线。

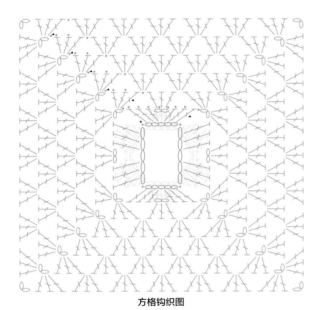

方格钩织图

42	
43	
23	

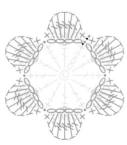

外层花朵钩织图

内层花朵钩织图

88

紫罗兰护腕

护腕正面

按照"紫罗兰"方格的步骤，钩织2片完整的方格。
你可以通过增加或减少圈数，来放大或缩小织片。

护腕反面

钩针：4mm
23号线绕线作环起针。
第1圈： 3针锁针，在环内钩2针长针，2针锁针，*在环内钩3针长针，2针锁针**，重复*到**2次，在起始锁针第3针处引拔。【共12针长针，4段锁针】
第2圈： 2针引拔针，在整段锁针内钩（1针引拔针，3针锁针，2针长针，2针锁针，3针长针），*在下一段锁针内钩（3针长针，2针锁针，3针长针）**，重复*到**2次，在起始锁针第3针处引拔。【每边共2组长针组合】
第3圈： 2针引拔针，在整段锁针内钩（1针引拔针，3针锁针，2针长针，2针锁针，3针长针），在每两组长针的间隙钩3针长针，*在下一段锁针内钩（3针长针，2针锁针，3针长针），在每两组长针的间隙钩3针长针**，重复*到**2次，在起始锁针第3针处引拔。【每边共3组长针组合】
第4-7圈： 重复第3圈。【每边共7组长针组合】
23号线断线。重复以上步骤共钩织2片"护腕反面"。

组装

将1片"护腕正面"和1片"护腕反面"的正面相对，以引拔针缝合任意一侧。
将两片织片打开并翻面，在右上角加入43号线。
第1圈： 在每针长针和锁针内钩1针短针，1针锁针，翻面。【共50针短针】
第2圈： 3针锁针，在每针内钩1针长针，2针锁针，翻面。【共50针长针】
第3圈： 3针锁针，在每针的外侧半针钩1针长针，2针锁针，翻面。【共50针长针】
第4圈： 1针锁针，在每针内钩1针短针。【共50针短针】
43号线断线。
将两片织片对折，反面相对，以缝纫针缝合，留下一个可以穿过大拇指的洞。
在底边右下角加入43号线，在每针长针和锁针内钩1针短针，断线。
重复以上步骤共钩织2只完整的"护腕"。

89

雏菊

方格

钩针：4mm
20号线绕线作环起针。
第1圈：3针锁针，在环内钩11针长针，引拔成环。【共12针长针】
20号线断线。
在第1圈任意针的外侧半针加入1号线，钩1针长针的立针。这一针视为第2圈的第1针。第2圈的钩织均在第1圈的外侧半针完成：
第2圈：每针内钩2针长针，引拔成环。【共24针长针】
第3圈：在第一和二组长针的间隙钩（3针锁针，2针长针），在之后每两组长针的间隙钩3针长针，直到最后，引拔成环。【共36针长针】
1号线断线。
在第3圈任意两组长针的间隙加入27号线，钩1针长针的立针。这一针视为第4圈的第1针。
第4圈：在同一段间隙内继续钩（1针锁针，1针长针），2针锁针，*在每两组长针的间隙钩（1针长针，1针锁针，1针长针），2针锁针**，重复*到**10次，在起始长针处引拔。【共24针长针、12段锁针、12针锁针】
27号线断线。
在第4圈任意的1针锁针内加入28号线，钩1针长针的立针。这一针视为第5圈的第1针。
第5圈：*在同一针锁针内钩（3针长针，2针锁针，3针长针），2针锁针，在下一针锁针内钩3针中长针，2针锁针，在下一针锁针内钩3针中长针，2针锁针**，重复*到**3次，在起始长针处引拔。【共24针长针、24针中长针、16段锁针】
28号线断线。

在第5圈任意段锁针内加入44号线。
第6圈：在整段锁针内钩（3针锁针，1针长针，2针锁针，2针长针），在下一段锁针前的每针内钩1针长针，*在每段锁针内钩（2针长针，2针锁针，2针长针），在下一段锁针前的每针内钩1针长针**，重复*到**2次，引拔成环。【共60针长针、4段锁针】
第7圈：1针引拔针，在整段锁针内钩1针引拔针，重复第6圈。【共76针长针、4段锁针】
28号线断线。

在第7圈任意段锁针内加入1号线。
第8圈：重复第6圈。【共92针长针、4段锁针】
1号线断线。
在第8圈任意段锁针内加入27号线。
第9圈：1针锁针，在第一段锁针内钩（1针短针，1针锁针，1针短针），*在下一段锁针前的每针内钩1针短针，在每段锁针内钩（1针短针，1针锁针，1针短针）**，重复*到**直到最后，省略最后的（1针短针，1针锁针，1针短针），引拔成环。【共100针短针、4针锁针】
27号线断线。

花瓣

在方格第1圈任意针的内侧半针加入1号线。
钩法：*同一针内钩（1针短针，1针中长针，2针长针），下一针内钩（2针长针，1针中长针，1针短针）**，重复*到**直到最后，在起始短针处引拔。【共6片"花瓣"】
1号线断线。

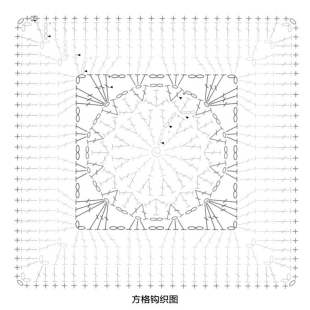

方格钩织图

	20
	1
	27
	28
	44

花瓣钩织图

曼陀罗

花朵

钩针：4mm
45号线绕线作环起针。

第1圈： 在环内重复钩（1针长针5针的爆米花针，2针锁针）6次，在起始爆米花针处引拔。【共6针爆米花针、6段锁针】45号线断线。

在第1圈任意段锁针内加入17号线，钩1针长针的立针。这一针视为第2圈的第1针。

第2圈： 重复（在整段锁针内钩5针长针，在爆米花针上钩1针引拔针的前钩针）6次。【共30针长针、6针引拔针的前钩针】17号线断线。

在第2圈任意长针组合的第3针内加入21号线，钩1针引拔针。这一针视为第3圈的第1针。

第3圈： 重复（在长针组合的第3针处钩1针引拔针，8针锁针）6次，引拔成环。【共6针引拔针、6段锁针】

第4圈： 在整段锁针内钩1针引拔针，1针锁针，重复（在整段锁针内钩13针短针，跳过引拔针）6次，在起始短针处引拔。【共78针短针】21号线断线。

在第4圈任意短针组合的最后一针内加入27号线。第5圈的钩织均在第4圈的内侧半针完成：

第5圈： *在短针组合的最后一针处钩1针引拔针，重复钩（1针引拔针，跳过1针，中长针1针放5针，跳过1针）3次**，重复*到**5次。【共90针中长针、24针引拔针】27号线断线。

方格

在"花朵"第4圈任意短针组合的第7针短针的外侧半针加入31号线，钩1针短针的后钩针

立针。这一针视为第6圈的第1针。第6圈的钩织均在第4圈的外侧半针完成：

第6圈： *在短针组合第7针短针内钩1针短针，6针锁针，跳过5针，短针2针并1针，6针锁针，跳过5针**，重复*到**5次，在起始短针处引拔。【共6针短针、6针短针2针并、12段锁针】

第7圈： 在整段锁针内钩1针引拔针，1针锁针，重复（在整段锁针内钩9针短针）12次，在起始短针处引拔。【共108针短针】31号线断线。

在第7圈任意短针组合的第5针短针处加入1号线，钩1针长长针的立针。这一针视为第8圈的第1针：

第8圈： *在短针组合第5针内钩（2针长长针，3针锁针，2针长长针），4针锁针，跳过8针，1针短针，6针锁针，跳过8针，1针短针，4针锁针，跳过8针**，重复*到**3次，在起始长长针处引拔。【共16针长长针、8针短针、4段3针的锁针、8段4针的锁针、4段6针的锁针】1号线断线。

在第8圈任意段3针的锁针内加入39号线，钩1针中长针的立针。这一针视为第9圈的第1针。

第9圈： *在3针的锁针段内钩（2针中长针，2针锁针，2针中长针），2针中长针，在4针的锁针段内钩5针中长针，1针中长针，在6针的锁针段内钩7针中长针，1针中长针，在4针的锁针段内钩5针中长针，2针中长针**，重复*到**3次。【共108针中长针、4段锁针】39号线断线。

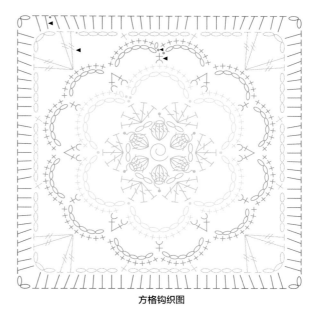

方格钩织图

花朵钩织图

45	
17	
21	
27	
31	
1	
39	

玫瑰

内层玫瑰

钩针：4mm
45号线5针锁针起针。
第1圈： *在起针锁针倒数第5针钩（1针长针，1针锁针）**，重复*到**6次，引拔成环。【共8针长针、8针锁针】
第2圈： 在锁针内钩（2针锁针，2针长针，1针中长针），在剩余每针锁针内钩（1针中长针，2针长针，1针中长针），引拔成环。【共8片"花瓣"】
45号线断线。

外层玫瑰

在"内层玫瑰"第2圈最后一针加入45号线。第3圈的钩织在织片反面完成：
第3圈： 在第1片"花瓣"中央针目的中段钩1针引拔针，*3针锁针，在下一片"花瓣"中央针目的中段钩1针引拔针**，重复*到**直到最后。【共8段锁针】
第4圈的钩织均在第3圈锁针段的正面完成：
第4圈： 在第1段锁针内钩（2针锁针，5针长针，1针中长针），在剩余每段锁针内钩（1针中长针，5针长针，1针中长针），引拔成环。【共8片"花瓣"】
第5圈的钩织均在织片反面完成：
第5圈： 在第1片"花瓣"中央针目的中段钩1针引拔针，4针锁针，*在下一片"花瓣"中央针目的中段钩1针引拔针，4针锁针**，重复*到**直到最后，引拔成环。【共8段锁针】
45号线断线。

方格

在"外层玫瑰"第5圈任意段锁针内加入14号线。
第1圈： 在第1段锁针内钩（3针锁针，2针长针，2针锁针，3针长针，*在下一段锁针内钩3针长针，在下一段锁针内钩（3针长针，2针锁针，3针长针）**，重复*到**2次，在最后一段锁针内钩3针长针，引拔成环。【共36针长针、3段锁针】
第2圈： 2针引拔针，在整段锁针内钩（1针引拔针，3针锁针，2针长针，2针锁针，3针长针），*在每两组长针组合的间隙钩3针长针，在整段锁针内钩（3针长针，2针锁针，3针长针）**，重复*到**2次，在剩余每两组长针组合的间隙钩3针长针，直到最后，引拔成环。【共48针长针、3段锁针】
第3圈： 重复第2圈的钩织。【共60针长针、4段锁针】
第4-5圈： 在整段锁针前的每针内钩1针引拔针，在整段锁针内钩（钩1针引拔针，3针锁针，1针长针，2针长针，2针锁针），*在下一段锁针前的每针内钩1针引拔针，在整段锁针内钩（2针长针，2针锁针，2针长针）**，重复*到**直到最后，最后一次重复时省略（2针长针，2针锁针，2针长针），引拔成环。【共92针长针、4段锁针】
14号线断线。

45
14

方格钩织图

外层玫瑰钩织图

内层玫瑰钩织图

向日葵

方格

钩针：4mm
2号线绕线作环起针。
第1圈： 3针锁针，在环内钩11针长针，引拔成环。【共12针长针】
第2圈： 3针锁针，*在每两针长针的间隙钩1针中长针4针的泡芙针，1针锁针，跳过1针**，重复*到**直到最后，引拔成环。【共12针泡芙针、12针锁针】
第3圈： 在锁针内钩（1针引拔针，3针锁针，2针长针），1针锁针，跳过1针泡芙针，*在锁针内钩3针长针，1针锁针，跳过1针泡芙针**，重复*到**直到最后，引拔成环。【共36针长针、12针锁针】
2号线断线。
在第3圈任意针内加入21号线。
第4圈： 1针锁针，在每针长针和锁针内钩1针短针，引拔成环。【共48针短针】
21号线断线。
在第4圈任意针的外侧半针加入19号线。第5圈的钩织均在第4圈的外侧半针完成：
第5圈： 3针锁针，同一针内再钩1针长针，*2针锁针，长针1针放2针，1针锁针，2针中长针，4针短针，2针中长针，1针长针，长针1针放2针**，重复*到**3次，最后一次重复时省略最后2针长针，引拔成环。【共24针长针、16针中长针、16针

短针、4段锁针】
第6圈： 1针引拔针，在整段锁针内钩（1针引拔针，3针锁针，1针长针，2针锁针，2针长针），在下一段锁针前的每针内钩1针长针，*在整段锁针内钩（2针锁针，2针锁针，2针长针），在下一段锁针前的每针内钩1针长针**，重复*到**2次直到起始锁针处，引拔成环。【共72针长针、4段锁针】
第7圈： 重复第6圈的钩织。【共88针长针、4段锁针】
19号线断线。

花瓣

在方格第4圈任意针的内侧半针加入21号线。
第1圈： 3针锁针，同一针内再钩1针长针，*3针锁针，跳过1针，长针1针放2针，1针锁针，跳过1针，长针1针放2针**，重复*到**直到最后，最后一次重复时省略最后2针长针，引拔成环。【共48针长针、12针锁针、12段锁针】
第2圈： 1针引拔针，在整段锁针内钩（1针引拔针，3针锁针，2针长针，2针锁针，3针长针），在单针锁针内钩1针短针，*在整段锁针内钩（3针长针，2针锁针，3针长针），在单针锁针内钩1针短针**，重复*到**直到最后，引拔成环。【共12片"花瓣"、12针短针】
21号线断线。

方格钩织图

花瓣钩织图

2	■
21	
19	

装饰图形

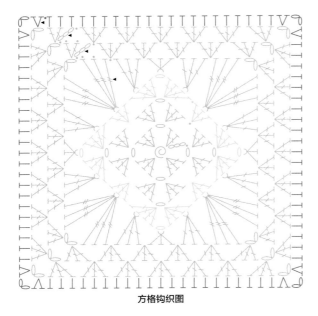

方格钩织图

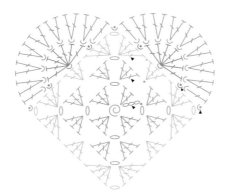

心形钩织图

图例：
- 45
- 17
- 21
- 27
- 31
- 1
- 39

祖母心形

心形

钩针：4mm
45号线绕线作环起针。

第1圈：3针锁针，在环内钩2针长针，1针锁针，重复钩（3针长针，1针锁针）3次，引拔成环。【共12针长针、4针锁针】45号线断线。

在第1圈任意锁针内加入17号线，钩1针长针的立针。这一针视为第2圈的第1针。

第2圈：*在锁针内钩（3针长针，1针锁针，3针长针），跳过3针**，重复*到**3次，引拔成环。【共24针长针、4针锁针】17号线断线。

在第2圈任意锁针内加入21号线，钩1针长针的立针。这一针视为第3圈的第1针。

第3圈：*在锁针内钩（4针长针，1针锁针，4针长针），跳过3针，在两组长针的间隙钩3针长针，跳过3针**，重复*到**3次，引拔成环。【共48针长针、4段锁针】21号线断线。

在第3圈第一段和第二段（4针长针、1针锁针、4针长针）的第7针长针处各放置一枚记号扣。

在第一枚记号扣处针目的内侧半针加入27号线。第4圈的钩织均在第3圈的内侧半针完成：

第4圈：同一针内再钩1针引拔针，跳过2针，长针1针放7针，跳过2针，1针引拔针。【共7针长针、2针引拔针】

27号线断线。在第二枚记号扣处针目的内侧半针重新加入27号线。

重复第4圈的钩织，27号线断线。

在第3圈靠近第4段起针的角落针内加入31号线，第5圈的钩织均在第4圈的内侧半针完成：

第5圈：*同一针内再钩1针引拔针，跳过2针，在引拔针内钩1针长针，后7针每针内钩长针1针放2针，在引拔针内钩1针长针，跳过2针**，重复*到**1次，1针引拔针。【共32针长针、3针引拔针】

31号线断线。

方格

在"心形"第3圈任意3针长针组合的第2针长针的外侧半针加入1号线，钩1针长长针的立针。这一针视为第6圈的第1针。第6圈的钩织均在第3圈的外侧半针完成：

第6圈：*同一针内钩（3针长长针，2针锁针，3针长长针），跳过2针，长针1针放3针，跳过2针，在锁针内钩3针中长针，跳过2针，长针1针放3针，跳过2针**，重复*到**3次，引拔成环。【共24针长长针、24针长针、12针中长针、4段锁针】

第7圈：2针引拔针，在整段锁针内钩（1针引拔针，3针锁针，2针长针，2针锁针，3针长针），跳过3针，重复（在两组长针的间隙钩3针长针，跳过3针）4次，*在整段锁针内钩（3针长针，2针锁针，3针长针），跳过3针，重复（在两组长针的间隙钩3针长针，跳过3针）5次**，重复*到**2次。【共72针长针、4段锁针】

第8圈：2针引拔针，在整段锁针内钩（1针引拔针，3针锁针，2针长针，2针锁针，3针长针），跳过3针，重复（在两组长针的间隙钩3针长针，跳过3针）5次，*在整段锁针内钩（3针长针，2针锁针，3针长针），跳过3针，重复（在两组长针的间隙钩3针长针，跳过3针）5次**，重复*到**2次。【共84针长针、4段锁针】1号线断线。

在第8圈任意段锁针内加入39号线，钩1针中长针的立针。这一针视为第9圈的第1针。

第9圈：*在整段锁针内钩（2针中长针，2针锁针，2针中长针），21针中长针**，重复*到**3次，引拔成环。【共100针中长针、4段锁针】39号线断线。

精巧心形

心形

钩针：4mm

48号线绕线作环起针。

第1圈：3针锁针，在环内钩11针长针，在起始锁针第3针的内侧半针引拔。【共12针长针】

第2圈的钩织均在第1圈的内侧半针完成：

第2圈：3针锁针，同一针内钩（1针长长针，1针长针），长针1针放3针，1针中长针，同一针内钩（1针中长针，1针短针），1针短针，同一针内钩（1针短针，1针锁针，1针短针），1针短针，同一针内钩（1针短针，1针中长针），1针中长针，长针1针放3针，同一针内钩（1针长针，1针长长针），2针锁针，在上一圈的引拔针上钩1针引拔针。【共2针长长针、8针长针、4针中长针、6针短针、1段3针的锁针、1段2针的锁针】

48号线断线。

方格

在"心形"第1圈第1针的外侧半针加入45号线，钩1针长针的立针。这一针视为第3圈的第1针。第3圈的钩织均在第1圈的外侧半针完成：

第3圈：每针内钩2针长针，引拔成环。【共24针长针】

第4圈：2针锁针，同一针内再钩1针中长针，1针中长针，重复钩（中长针1针放2针，1针中长针）11次，引拔成环。【共36针中长针】

45号线断线。

在第4圈第1针内加入19号线。

第5圈：*1针短针，2针锁针，跳过1针，同一针内钩（1针长针，2针锁针，1针长针），2针锁针，跳过1针**，重复*到**8次。【共18针长针、9针短针、27段锁针】

19号线断线。

在第5圈最后1段长针之间的锁针内加入38号线。

第6圈：*在整段锁针内钩1针长针、3针的爆米花针，1针锁针，跳过1针，在下一段锁针内钩（1针长针，1针锁针），1针长针，1针锁针，下一段锁针内钩1针长针，1针锁针，跳过1针**，重复*到**8次，引拔成环。【共27针长针、9针爆米花针、36针锁针】

38号线断线。

在第6圈任意爆米花后的第1针锁针内加入19号线，钩1针长长针的立针。这一针视为第7圈的第1针。第7圈的钩织均在第6圈的锁针内完成：

第7圈：*同一针内钩（2针长长针，2针锁针，2针长长针），重复钩（长针1针放2针）3次，同一针内钩（1针长针，1针中长针），同一针内钩（1针中长针，1针长针），重复钩（长针1针放2针）3次**，重复*到**3次，引拔成环。【共16针长长针、56针长针、8针中长针、4段锁针】

19号线断线。

在第7圈任意段锁针内加入48号线，钩1针中长针的立针。这一针视为第8圈的第1针。

第8圈：*在整段锁针内钩（2针中长针，2针锁针，2针中长针），20针中长针**，重复*到**3次。【共96针中长针、4段锁针】

48号线断线。

在第8圈任意段锁针内加入45号线。

第9圈：1针锁针，*在整段锁针内钩（1针短针，2针锁针，1针短针），24针短针**，重复*到**3次。【共104针短针、4段锁针】

45号线断线。

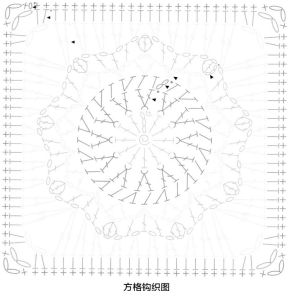

方格钩织图

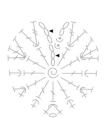

心形钩织图

48
45
19
38

双层星形

内层星形

钩针：4mm
13号线绕线作环起针。

第1圈： 4针锁针，重复钩（1针长针，1针锁针）9次，在起始锁针第3针处引拔。【共10针长针、10针锁针】
在起始锁针第3针的外侧半针放置一枚记号扣。第2圈的钩织均在第1圈的内侧半针完成：

第2圈： *在锁针内钩1针引拔针，跳过1针，在锁针内钩（1针中长针，1针长针，1针锁针，1针长针，1针中长针），跳过1针**，重复*到**4次，引拔成环。【共10针长针、10针中长针、5针锁针】
13号线断线。
在第2圈任意锁针内加入17号线，钩1针短针。这一针视为第3圈的第1针。第3圈的钩织需跳过第2圈的所有引拔针。

第3圈： *在锁针内钩（1针短针，2针锁针，1针短针），4针短针的后钩针**，重复*到**4次。【共10针短针、20针短针的后钩针、5段锁针】
17号线断线。

外层星形

在第1圈记号扣处加入21号线，钩1针长针的立针。这一针视为第4圈的第1针。第4圈的钩织均在第1圈的外侧半针完成：

第4圈： 重复钩（长针1针放2针，在锁针上钩长针1针放2针）10次，在起始长针的内侧半针钩1针引拔针。【共40针长针】
在起始长针的外侧半针放置一枚记号扣。第5圈的钩织均在第4圈的内侧半针完成：

第5圈： 5针锁针，同一针内再钩1针长长针，同一针内钩（1针长针，1针中长针），1针短针，2针引拔针，1针短针，同一针内钩（1针中长针，1针长针），同一针内钩（1针长长针，1针3卷长针），1针锁针，*同一针内钩（1针3卷长针，1针长长针），同一针内钩（1针长针，1针中长针），1针短针，2针引拔针，1针短针，同一针内钩（1针中长针，1针长针），同一针内钩（1针长长针，1针3卷长针），1针锁针**，重复*到**3次。【共10针3卷长针、10针长长针、10针长针、10针中长针、10针短针、10针引拔针、5针锁针】
21号线断线。
在第5圈任意锁针内加入27号线，钩1针中长针的立针。这一针视为第6圈的第1针。

第6圈： *在锁针内钩（1针中长针，2针锁针，1针中长针），5针中长针的后钩针，跳过2针，5针中长针的后钩针**，重复*到**4次。【共50针中长针的后钩针、10针中长针、5段锁针】
27号线断线。

方格

在第4圈记号扣处加入1号线，钩1针中长针的立针。这一针视为第7圈的第1针。第7圈的钩织均在第4圈的外侧半针完成：

第7圈： 2针中长针，1针长针，*同一针内钩（1针长长针，2针锁针，1针长长针），1针长针，2针中长针，3针短针，2针中长针，1针长针**，重复*到**2次，同一针内钩（1针长长针，2针锁针，1针长长针），1针长针，2针中长针，3针短针，引拔成环。【共8针长长针、8针长针、16针中长针、12针短针、4段锁针】

第8圈： 3针引拔针，在整段锁针内钩（1针引拔针，3针锁针，1针长针，2针锁针，2针长针），11针长针，*在整段锁针内钩（2针长针，2针锁针，2针长针），11针长针**，重复*到**2次，引拔成环。【共60针长针、4段锁针】

第9圈： 1针引拔针，在整段锁针内（引拔1针，3针锁针，1针长针，2针锁针，2针长针），15针长针，*在整段锁针内钩（2针长针，2针锁针，2针长针），15针长针**，重复*到**2次，引拔成环。【共76针长针、4段锁针】

第10圈： 1针引拔针，在整段锁针内钩1针引拔针，1针锁针，*在整段锁针内钩（1针短针，2针锁针，1针短针），19针短针**，重复*到**3次。【共84针短针、4段锁针】
1号线断线。
在第10圈任意段锁针内加入36号线，钩1针中长针的立针。这一针视为第11圈的第1针。

第11圈： *在整段锁针内钩（2针中长针，2针锁针，2针中长针），21针中长针**，重复*到**3次。【共100针中长针、4段锁针】
36号线断线。
在第11圈任意段锁针内加入39号线，钩1针中长针的立针。这一针视为第12圈的第1针。

第12圈： *在整段锁针内钩（2针中长针，2针锁针，2针中长针），25针中长针的后钩针**，重复*到**3次。【共16针中长针、100针中长针的后钩针、4段锁针】
39号线断线。

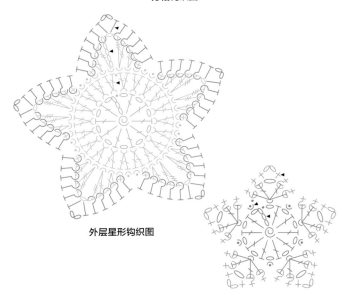

13	
17	
21	
27	
1	
36	
39	

方格钩织图

外层星形钩织图

内层星形钩织图

彩虹

方格

钩针：3mm

4号线绕线作环起针。

第1圈： 3针锁针，在环内钩11针长针，引拔成环。【共12针长针】

第2圈： 2针锁针，同一针内再钩1针中长针，每针内钩2针中长针，引拔成环。【共24针中长针】

4号线断线。

在第2圈第1针内加入39号线，钩1针中长针的立针。这一针视为第3圈的第1针。

第3圈： 中长针1针放2针，1针中长针，重复钩（中长针1针放2针，1针中长针）5次，39号线断线，加入4号线，重复钩（中长针1针放2针，1针中长针）6次，引拔成环。【共36针中长针】

4号线断线。

在第3圈的第1针内加入36号线，钩1针中长针的立针。这一针视为第4圈的第1针。

第4圈： 2针中长针，中长针1针放2针，重复钩（2针中长针，中长针1针放2针）5次，36号线断线，加入4号线，重复钩（2针中长针，中长针1针放2针）6次，引拔成环。【共48针中长针】

4号线断线。

在第4圈的第1针内加入27号线，钩1针中长针的立针。这一针视为第5圈的第1针。

第5圈： 中长针1针放2针，3针中长针，重复钩（中长针1针放2针，3针中长针）5次，27号线断线，加入4号线，重复钩（中长针1针放2针，3针中长针）6次，引拔成环。【共60针中长针】

4号线断线。

在第5圈的第1针内加入21号线，钩1针中长针的立针。这一针视为第6圈的第1针。

第6圈： 4针中长针，中长针1针放2针，重复钩（4针中长针，中长针1针放2针）5次，21号线断线，加入4号线，重复钩（4针中长针，中长针1针放2针）6次，引拔成环。【共72针中长针】

4号线断线。

在第6圈的第1针内加入17号线，钩1针中长针的立针。这一针视为第7圈的第1针。

第7圈： 中长针1针放2针，5针中长针，重复钩（中长针1针放2针，5针中长针）5次，17号

线断线，加入4号线，重复钩（中长针1针放2针，5针中长针）6次，引拔成环。【共84针中长针】

4号线断线。

在第7圈的第1针内加入13号线，钩1针中长针的立针。这一针视为第8圈的第1针。

第8圈： 6针中长针，中长针1针放2针，重复钩（6针中长针，中长针1针放2针）5次，13号线断线，加入4号线，重复钩（6针中长针，中长针1针放2针）6次，引拔成环。【共96针中长针】

第9圈： 1针锁针，同一针内再钩1针短针，2针短针，4针中长针，3针长针，2针长长针，2针锁针，*2针长长针，3针长针，4针中长针，6针短针，4针中长针，3针长针，2针长长针，2针锁针**，重复*到**2次，2针长长针，3针长针，4针中长针，3针短针，在起始短针处引拔。【共16针长长针、24针长针、32针中长针、24针短针、4段锁针】

第10圈： 3针锁针，11针长针，在整段锁针内钩（2针长针、2针锁针、2针长针），*24针长针，在整段锁针内钩（2针长针、2针锁针、2针长针）**，重复*到**2次，12针长针。【共112针长针、4段锁针】

4号线断线。

在第10圈任意段锁针内加入4号线。

第11圈： 1针锁针，*在整段锁针内钩（1针短针，2针锁针，1针短针），28针短针**，重复*到**3次。【共120针短针、4段锁针】

4号线断线。

云朵

钩针：4mm

1号线6针锁针起针。

第1圈： 在起针锁针倒数第2针处钩1针短针，继续在锁针上钩3针短针，短针1针放3针，翻转织片到起针锁针的另一侧，继续钩3针短针，短针1针放2针。【共12针短针】

第2圈： 1针引拔针，中长针1针放4针，重复钩（1针引拔针，中长针1针放4针）5次。【共24针中长针、6针引拔针】

1号线断线。重复以上步骤共钩织2片"云朵"。

将"云朵"缝在"彩虹"两端。

4	
39	
36	
27	
21	
17	
13	
1	

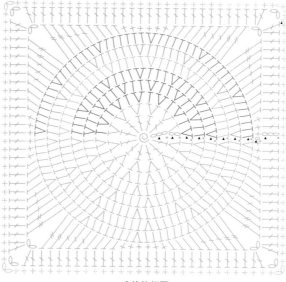

方格钩织图

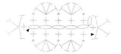

云朵钩织图

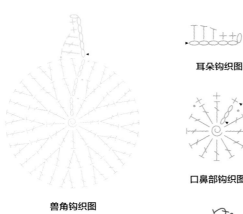

独角兽

方格

钩针：4mm
1号线绕线作环起针。
第1圈： 3针锁针，在环内钩11针长针，引拔成环。【共12针长针】
第2圈： 3针锁针，同一针内再钩1针长针，每针内钩2针长针，引拔成环。【共24针长针】
第3圈： 3针锁针，同一针内再钩1针长针，1针长针，*长针1针放2针，1针长针**，重复*到**直到最后，引拔成环。【共36针长针】
1号线断线。
在第3圈任意针内加入42号线。
第4圈的钩织均在第3圈的外侧半针完成：
第4圈： 3针锁针，同一针内再钩1针长针，2针锁针，长针1针放2针，2针中长针，3针短针，2针中长针，*长针1针放2针，2针锁针，长针1针放2针，2针中长针，3针短针，2针中长针**，重复*到**2次，引拔成环。【共16针长针、16针中长针、12针短针、4段锁针】
第5圈： 1针引拔针，在整段锁针内钩（1针引拔针，3针锁针，1针长针，2针锁针，2针长针），在下一段锁针前的每针内钩1针长针，*在每段锁针内钩（2针长针，2针锁针，2针长针），在下一段锁针前的每针内钩1针长针**，重复*到**2次至起始锁针处，引拔成环。【共60针长针、4段锁针】
第6-7圈： 重复第5圈的钩织。【共92针长针、4段锁针】
42号线断线。

口鼻部

1号线绕线作环起针。
第1圈： 3针锁针，在环内钩11针长针，引拔成环。【共12针长针】
第2圈： 3针短针，在最后1针短针处引拔。【共3针短针】
1号线断线。

耳朵

1号线6针锁针起针。
钩法： 在起针锁针倒数第2针处钩1针短针，继续在锁针上钩1针短针，3针中长针。【共3针中长针、2针短针】
1号线断线。重复以上步骤共钩织2只"耳朵"。

兽角

在方格第3圈顶部加入20号线。
钩法： 6针锁针，在倒数第2针锁针处钩1针短针，1针中长针，2针长针，跳过1针，1针引拔针。【共2针长针、1针中长针、2针短针】
20号线断线。

花朵

40号线5针锁针起针，在锁针链起始针处引拔成环。
钩法： 1针锁针，重复在环内的锁针上钩（1针长针，1针引拔针）5次。【共5片"花瓣"】
40号线断线。重复以上步骤共钩织3朵"花朵"，分别使用40号线、44号线和12号线。

收尾

将"口鼻部"缝在"脸部"下方，并将"耳朵"缝在"兽角"两侧。
将"花朵"缝在"独角兽"头顶。
使用2号线，绣上"眼睛"和"鼻孔"。
使用19号线制作"小流苏"，并缝在"独角兽脸部"两侧。

▨	1
▨	42
▨	20
▨	40
▨	44
▨	12
▨	2
▨	19

方格钩织图

耳朵钩织图

兽角钩织图

口鼻部钩织图

花朵钩织图

月亮

方格

钩针：4mm
20号线绕线作环起针。
第1圈： 3针锁针，在环内钩11针长针，引拔成环。【共12针长针】
第2圈： 3针锁针，同一针内再钩1针长针，每针内钩2针长针，引拔成环。【共24针长针】
第3圈： 3针锁针，同一针内再钩1针长针，1针长针，*长针1针放2针，1针长针**，重复*到**直到最后，引拔成环。【共36针长针】
20号线断线。
在第3圈任意针内加入2号线。
第4圈的钩织均在第3圈的外侧半针完成：
第4圈： 3针锁针，同一针内再钩1针长针，2针锁针，长针1针放2针，2针中长针，3针短针，2针中长针，*长针1针放2针，2针锁针，长针1针放2针，2针中长针，3针短针，2针中长针**，重复*到**2次，引拔成环。【共16针长针、16针中长针、12针短针、4段锁针】
2号线断线。
在第4圈任意段锁针内加入35号线。
第5圈： 在整段锁针内钩（3针锁针，1针长针，2针锁针，2针长针），在下一段锁针前的每针内钩1针长针，*在每段锁针内钩（2针长针，2针锁针，2针长针），在下一段锁针前的每针内钩1针长针**，重复*到**2次至起始锁针，引拔成环。【共60针长针、4段锁针】
第6-7圈： 1针引拔针，在整段锁针内钩（1针引拔针，3针锁针，1针长针，2针锁针，2针长针），在下一段锁针前的每针内钩1针长针，*在每段锁针内钩（2针长针，2针锁针，2针长针），在下一段锁针前的每针内钩1针长针**，重复*到**2次至起始锁针处，引拔成环。【共92针长针、4段锁针】
35号线断线。

圆形

2号线3针锁针起针。
第1圈： 在起针锁针倒数第3针处钩5针中长针，引拔成环。【共6针中长针】
第2圈： 2针锁针，同一针内再钩1针中长针，剩余每针内钩2针中长针，引拔成环。【共12针中长针】
第3圈： 2针锁针，同一针内再钩1针中长针，*1针中长针，中长针1针放2针**，重复*到**直到最后，1针中长针，引拔成环。【共18针中长针】
第4圈： 2针锁针，同一针内再钩1针中长针，*2针中长针，中长针1针放2针**，重复*到**直到倒数第2针，最后2针内各钩1针中长针，引拔成环。【共24针中长针】
第5圈： 2针锁针，同一针内再钩1针中长针，*3针中长针，中长针1针放2针**，重复*到**直到倒数第3针，最后3针内各钩1针中长针，引拔成环。【共30针中长针】

星形

35号线2针锁针起针。
第1圈： 在起针锁针倒数第2针处钩10针中长针，引拔成环。【共10针中长针】
第2圈： *4针锁针，在倒数第2针锁针处钩1针引拔针，继续在锁针上钩1针短针，1针中长针，跳过第1圈的1针，1针引拔针**，重复*到**4次。【共5个"角"】
35号线断线。
将"星形"缝在"圆形"上，再将"圆形"如图缝在方格上。

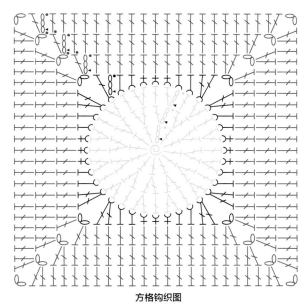

20	
2	
35	

方格钩织图

星形钩织图

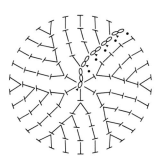

圆形钩织图

泰迪熊

方格

钩针：4mm

11号线绕线作环起针。

第1圈： 3针锁针，在环内钩11针长针，引拔成环。【共12针长针】

第2圈： 3针锁针，同一针内再钩1针长针，每针内钩2针长针，引拔成环。【共24针长针】

第3圈： 3针锁针，同一针内再钩1针长针，1针长针，*长针1针放2针，1针长针**，重复*到**直到最后，引拔成环。【共36针长针】

11号线断线。

在第3圈任意针内加入44号线。

第4圈的钩织均在第3圈的外侧半针完成：

第4圈： 3针锁针，同一针内再钩1针长针，2针锁针，长针1针放2针，2针中长针，3针短针，2针中长针，*长针1针放2针，2针锁针，长针1针放2针，2针中长针，3针短针，2针中长针**，重复*到**2次，引拔成环。【共16针长针、16针中长针、12针短针、4段锁针】

第5圈： 1针引拔针，在整段锁针内钩（1针引拔针，3针锁针，1针长针，2针锁针，2针长针），在下一段锁针前的每针内钩1针长针，*在每段锁针内钩（2针长针，2针锁针，2针长针），在下一段锁针前的每针内钩1针长针**，重复*到**2次至起始锁针处，引拔成环。【共60针长针、4段锁针】

第6-7圈： 重复第5圈。【共92针长针、4段锁针】

44号线断线。

在第7圈任意段锁针内加入11号线。

第8圈： 1针锁针，*在整段锁针内钩（1针短针，1针锁针，1针短针），在下一段锁针内的每针内钩1针短针**，重复*到**3次直到起始锁针处，引拔成环。【共100针短针、4针锁针】

11号线断线。

头部边缘和耳朵

在方格第3圈与左上角相对的内侧半针加入11号线。第1圈的钩织均在第3圈的内侧半针完成：

第1圈： 1针锁针，同一针内再钩1针短针，1针锁针，1针短针，短针1针放8针，后24针每针内钩（1针短针，1针锁针），1针短针，短针1针放8针，同一针内钩（1针短针，1针锁针）直到最后。【共2组长针组合、34针短针、32针锁针】

11号线断线。

鼻子

9号线4针锁针起针，在起针锁针倒数第4针处钩9针长针，引拔成环。

9号线断线。将"鼻子"缝在"泰迪熊脸部"。

使用2号线，在"鼻子"上绣出细节，并在"鼻子"上方绣出2只"眼睛"。

■	11
▨	44
▨	9
■	2

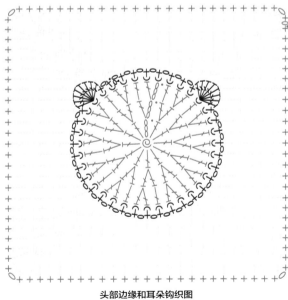

方格钩织图

头部边缘和耳朵钩织图

鼻子钩织图

钻石

钻石

钩针：4mm
45号线绕线作环起针。

第1圈：3针锁针，在环内钩2针长针，2针锁针，*3针长针，2针锁针**，重复*到**2次，引拔成环。【共12针长针、4段锁针】
45号线断线。

在第1圈任意段锁针内加入44号线，钩1针中长针的立针。这一针视为第2圈的第1针。

第2圈：*在整段锁针内钩（1针中长针，2针锁针，1针中长针），3针中长针**，重复*到**3次，引拔成环。【共20针中长针、4段锁针】
44号断线。

在第2圈任意段锁针内加入17号线，钩1针长针的立针。这一针视为第2圈的第1针。

第3圈：*在整段锁针内钩（3针长针，2针锁针，3针长针），跳过2针，长针1针放3针，跳过2针**，重复*到**3次，引拔成环。【共36针长针、4段锁针】
17号线断线。

在第3圈任意段锁针内加入49号线，钩1针中长针的立针。这一针视为第4圈的第1针。

第4圈：*在整段锁针内钩（1针中长针，1针锁针，1针中长针），9针中长针**，重复*到**3次，引拔成环。【共44针中长针、4针锁针】
49号线断线。

在第4圈任意锁针的内侧半针加入21号线，钩1针长针的立针，这一针视为第5圈的第1针。第5圈的钩织均在第4圈的内侧半针完成：

第5圈：*在锁针内钩（3针长针，2针锁针，3针长针），跳过2针，重复钩（长针1针放3针，跳过2针）3次**，重复*到**3次，引拔成环。【共60针长针、4段锁针】
21号线断线。

在第5圈任意段锁针内加入20号线。

第6圈：1针锁针，*在整段锁针内钩（1针短针，1针锁针，1针短针），15针短针的后钩针**，重复*到**3次，引拔成环。【共60针短针的后钩针、8针短针、4针锁针】
20号线断线。

方格

在"钻石"第4圈任意边第6针中长针的外侧半针加入27号线，钩1针长长针的立针。这一针视为第7圈的第1针。第7圈的钩织均在第4圈的外侧半针完成：

第7圈：同一针内钩（3针长长针，2针锁针，3针长长针），跳过2针，长针1针放3针，跳过2针，在锁针内钩中长针1针放3针，跳过2针，*同一针内钩（3针长长针，2针锁针，3针长长针），跳过2针，长针1针放3针，跳过2针，在锁针内钩中长针1针放3针，跳过2针，长针1针放3针，跳过2针**，重复*到**2次，引拔成环。【共24针长长针、24针长针、12针中长针、4段锁针】

第8圈：2针引拔针，在整段锁针内钩1针引拔针，1针锁针，*在整段锁针内钩（1针短针，2针锁针，1针短针），15针短针**，重复*到**3次，引拔成环。【共68针短针、4段锁针】
27号线断线。

在第8圈任意段锁针内加入31号线，钩1针长针的立针。这一针视为第9圈的第1针。

第9圈：*在整段锁针内钩（3针长针，2针锁针，3针长针），跳过2针，重复钩（长针1针放3针，跳过2针）5次**，重复*到**3次，引拔成环。【共84针长针、4段锁针】
31号线断线。

在第9圈任意段锁针内加入39号线，钩1针中长针的立针。这一针视为第10圈的第1针。

第10圈：*在整段锁针内钩（2针中长针，2针锁针，2针中长针），21针中长针**，重复*到**3次，引拔成环。【共100针中长针、4段锁针】
39号线断线。

在第10圈任意段锁针内加入38号线，钩1针中长针的立针。这一针视为第11圈的第1针。

第11圈：*在整段锁针内钩（2针中长针，2针锁针，2针中长针），25针中长针的后钩针**，重复*到**3次，引拔成环。【共16针中长针、100针中长针的后钩针、4段锁针】
38号线断线。

方格钩织图

45	
44	
17	
49	
21	
20	
27	
31	
39	
38	

钻石钩织图

云朵

方格

钩针：4mm

3号线绕线作环起针。

第1圈：3针锁针，在环内钩11针长针，引拔成环。【共12针长针】

第2圈：3针锁针，同一针内再钩1针长针，每针内钩2针长针，引拔成环。【共24针长针】

第3圈：2针锁针，同一针内再钩1针中长针，*1针中长针，中长针1针放2针**，重复*到**直到最后，1针中长针，引拔成环。【共36针中长针】

3号线断线。

在第3圈任意针内加入32号线。

第4圈的钩织均在第3圈的外侧半针完成：

第4圈：3针锁针，同一针内再钩1针长针，2针锁针，长针1针放2针，2针中长针，3针短针，2针中长针，*长针1针放2针，2针锁针，长针1针放2针，2针中长针，3针短针，2针中长针**，重复*到**2次，引拔成环。【共16针长针、16针中长针、12针短针、4段锁针】

第5圈：1针引拔针，在整段锁针内钩（1针引拔针，3针锁针，1针长针，2针锁针，2针长针），在下一段锁针前的每针内钩1针长针，*在每段锁针内钩（2针长针，2针锁针，2针长针），在下一段锁针前的每针内钩1针长针**，重复*到**2次至起始锁针处，引拔成环。【共60针长针、4段锁针】

第6-7圈：重复第5圈的钩织。【共92针长针、4段锁针】

32号线断线。

大云朵

在与方格第3圈右上角相对的内侧半针加入3号线，钩1针长针的立针。这一针视为"大云朵"第1圈的第1针。

钩法：1针长针，长针1针放2针，1针长针，1针中长针，1针短针，短针1针放2针，1针中长针，3针长针，中长针1针放2针，2针中长针，短针1针放2针，长针1针放2针，2针（长针1针放2针），长针1针放2针，短针1针放2针，12针短针，2针中长针，2针长针，短针1针放2针，引拔成环。【共46针】

3号线断线。

闪电

21号线8针锁针起针。

在起针锁针倒数第3针处钩1针中长针，继续在锁针的每针内钩1针中长针。【共6针中长针】

21号线断线。重复以上步骤共钩织2条"闪电"。

如图所示，将"闪电"缝在"大云朵"上。

小云朵

5号线8针锁针起针。

第1圈：在起针锁针倒数第2针处钩3针短针，继续在锁针链上钩5针短针，短针1针放3针，翻转织片至起针短针的另一侧，继续在锁针链上钩5针短针，在起始短针处引拔成环。

第2圈：1针锁针，同一针内再钩1针短针，*长针1针放6针，1针短针，长针1针放6针，跳过1针，1针短针，跳过1针，长针1针放6针，1针短针**，重复*到**直到最后，最后一次重复时省略最后1针短针，引拔成环。

5号线断线。

将"小云朵"缝在"闪电"上。

	3
	32
	5
	21

方格钩织图

大云朵钩织图

小云朵钩织图

闪电钩织图

渐变方块

方格

钩针：4mm
1号线绕线作环起针。

第1圈：4针锁针，重复钩（3针长针，1针锁针）3次，2针长针，在起始锁针第3针的外侧半针引拔。【共12针长针、4针锁针】

第2圈的钩织均在第1圈的外侧半针完成：

第2圈：在锁针内钩（1针引拔针，3针锁针，1针长针，1针锁针，2针长针），3针长针，*在锁针内钩（2针长针，1针锁针，2针长针），3针长针**，重复*到**2次，在起始锁针第3针的外侧半针引拔。【共28针长针、4段锁针】

第3圈的钩织均在第2圈的外侧半针完成：

第3圈：1针引拔针，在锁针内钩1针引拔针，3针锁针，在锁针内钩（1针长针，1针锁针，2针长针），7针长针，*在锁针内钩（2针长针，1针锁针，2针长针），7针长针**，重复*到**2次，在起始锁针第3针的外侧半针引拔。【共44针长针、4针锁针】

第4圈的钩织均在第3圈的外侧半针完成：

第4圈：1针引拔针，在锁针内钩1针引拔针，3针锁针，在锁针内钩（1针长针，1针锁针，2针长针），11针长针，*在锁针内钩（2针长针，1针锁针，2针长针），11针长针**，重复*到**2次，在起始锁针第3针的外侧半针引拔。【共60针长针、4针锁针】

第5圈的钩织均在第4圈的外侧半针完成：

第5圈：1针引拔针，在锁针内钩1针引拔针，3针锁针，在锁针内钩（1针长针，1针锁针，2针长针），15针长针，*在锁针内钩（2针长针，1针锁针，2针长针），15针长针**，重复*到**2次，在起始锁针第3针的外侧半针引拔。【共76针长针、4针锁针】

第6圈的钩织均在第5圈的外侧半针完成：

第6圈：1针引拔1针，在锁针内钩1针引拔针，3针锁针，在锁针内钩（1针长针，1针锁针，2针长针），19针长针，*在锁针内钩（2针长针，1针锁针，2针长针），19针长针**，重复*到**2次，在起始锁针第3针的外侧半针引拔。【共92针长针、4针锁针】

第7圈的钩织均在第6圈的外侧半针完成：

第7圈：1针引拔针，在锁针内钩1针引拔针，1针锁针，*在锁针内钩（1针短针，1针锁针，1针短针），23针短针**，重复*到**3次，引拔成环。【共100针短针、4针锁针】

1号线断线。

渐变花纹

在第1圈任意锁针的内侧半针加入39号线。第8圈的钩织均在第1圈的内侧半针完成：

第8圈：*在锁针内钩（1针短针，1针锁针，1针短针），3针短针**，重复*到**3次。【共20针短针、4针锁针】

39号线断线。

在第2圈任意锁针的内侧半针加入31号线。第9圈的钩织均在第2圈的内侧半针完成：

第9圈：*在锁针内钩（1针短针，1针锁针，1针短针），7针短针**，重复*到**3次。【共36针短针、4针锁针】

31号线断线。

在第3圈任意锁针的内侧半针加入27号线。第10圈的钩织均在第3圈的内侧半针完成：

第10圈：*在锁针内钩（1针短针，1针锁针，1针短针），11针短针**，重复*到**3次。【共52针短针、4针锁针】

27号线断线。

在第4圈任意锁针的内侧半针加入21号线。第11圈的钩织均在第4圈的内侧半针完成：

第11圈：*在锁针内钩（1针短针，1针锁针，1针短针），15针短针**，重复*到**3次。【共68针短针、4针锁针】

21号线断线。

在第5圈任意锁针的内侧半针加入17号线。第12圈的钩织均在第5圈的内侧半针完成：

第12圈：*在锁针内钩（1针短针，1针锁针，1针短针），19针短针**，重复*到**3次。【共84针短针、4针锁针】

17号线断线。

在第6圈任意锁针的内侧半针加入13号线。第13圈的钩织均在第6圈的内侧半针完成：

第13圈：*在锁针内钩（1针短针，1针锁针，1针短针），23针短针**，重复*到**3次。【共100针短针、4针锁针】

13号线断线。

1	
39	
31	
27	
21	
17	
13	

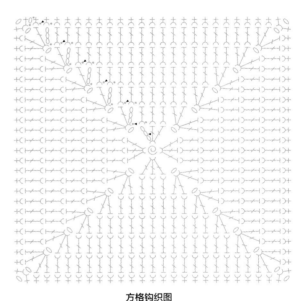

方格钩织图

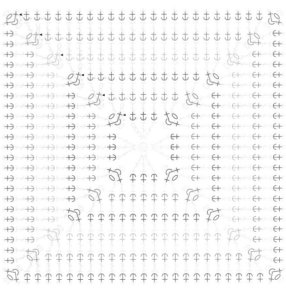

渐变花纹钩织图

泡泡

方格

钩针：3.5mm

1号线绕线作环起针。

第1圈： 1针锁针，在环内钩8针短针，引拔成环。【共8针短针】

第2圈： 1针锁针，同一针内再钩（1针短针，2针锁针，1针短针），1针短针，*同一针内钩（1针短针，2针锁针，1针短针），1针短针**，重复*到**2次，引拔成环。【共12针短针、4段锁针】

1号线断线。

在第2圈任意段锁针内加入21号线。第3圈的钩织均在织片反面完成：

第3圈： *在整段锁针内钩（1针短针，2针锁针，1针短针），1针长针5针的泡泡针，1针短针，1针长针5针的泡泡针**，重复*到**3次，引拔成环。【共12针短针、8针泡泡针、4段锁针】

21号线断线。

在第3圈任意段锁针内加入1号线，钩1针长针的立针。这一针视为第4圈的第1针。

第4圈： *在整段锁针内钩（2针长针，2针锁针，2针长针），5针长针**，重复*到**3次，引拔成环。【共36针长针、4段锁针】

1号线断线。

在第4圈任意段锁针内加入49号线。第5圈的钩织均在织片反面完成：

第5圈： *在整段锁针内钩（1针短针，2针锁针，1针短针），重复钩（1针长针5针的泡泡针，1针短针）4次，1针长针5针的泡泡针**，重复*到**3次，引拔成环。【共24针短针、20针泡泡针、4段锁针】

49号线断线。

在第5圈任意段锁针内加入1号线，钩1针长针的立针。这一针视为第6圈的第1针。

第6圈： *在整段锁针内钩（2针长针，2针锁针，2针长针），11针长针**，重复*到**3次，引拔成环。【共60针长针、4段锁针】

1号线断线。

在第6圈任意段锁针内加入17号线。第7圈的钩织均在织片反面完成：

第7圈： *在整段锁针内钩（1针短针，2针锁针，1针短针），重复钩（1针长针5针的泡泡针，1针短针）7次，1针长针5针的泡泡针**，重复*到**3次，引拔成环。【共36针短针、32针泡泡针、4段锁针】

17号线断线。

在第7圈任意段锁针内加入1号线，钩1针长针的立针。这一针视为第8圈的第1针。

第8圈： *在整段锁针内钩（2针长针，2针锁针，2针长针），17针长针**，重复*到**3次，引拔成环。【共84针长针、4段锁针】

1号线断线。

在第8圈任意段锁针内加入45号线。第9圈的钩织均在织片反面完成：

第9圈： *在整段锁针内钩（1针短针，2针锁针，1针短针），重复钩（1针长针5针的泡泡针，1针短针）10次，1针长针5针的泡泡针**，重复*到**3次，引拔成环。【共48针短针、44针泡泡针、4段锁针】

45号线断线。

在第9圈任意段锁针内加入1号线。

第10圈： *在整段锁针内钩（1针短针，2针锁针，1针短针），23针短针**，重复*到**3次，引拔成环。【共100针短针、4段锁针】

1号线断线。

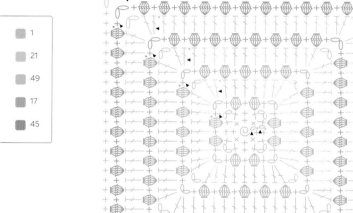

1	
21	
49	
17	
45	

方格钩织图

钉子

方格

钩针：4mm

1号线绕线作环起针。

第1圈：3针锁针，在环内钩11针长针，在起始锁针的第3针处引拔。【共12针长针】

第2圈的钩织均在第1圈的外侧半针完成：

第2圈：2针锁针，同一针内再钩1针中长针，重复钩（中长针1针放2针）11次，引拔成环。【共24针中长针】

1号线断线。

在第2圈任意针内加入41号线，钩1针中长针的立针。这一针视为第3圈的第1针。第3圈的钩织均在第2圈的外侧半针完成：

第3圈：*2针中长针，在第1圈相应针目的内侧半针钩1针长针**，重复*到**11次，引拔成环。【共12针长针、24针中长针】

41号线断线。

在第3圈任意长针内加入36号线，钩1针长针的立针。这一针视为第4圈的第1针。第4圈的钩织均在第3圈的外侧半针完成：

第4圈：*在长针内钩1针长针，1针长针，在第2圈相应针目的内侧半针钩1针长针，1针长针**，重复*到**11次，引拔成环。【共12针长长针、36针长针】

36号线断线。

在第4圈任意长长针内加入27号线，钩1针中长针的立针。这一针视为第5圈的第1针。第5圈的钩织均在第4圈的外侧半针完成：

第5圈：*在长长针内钩1针中长针，2针中长针，在第3圈相应的长针上钩1针长长针的前钩针，1针中长针**，重复*到**11次，引拔成环。【共12针长针的前钩针、48针中长针】

27号线断线。

在第5圈任意长针的前钩针内加入21号线，钩1针长针的立针。这一针视为第6圈的第1针。第6圈的钩织均在第5圈的外侧半针完成：

第6圈：*在长长针的前钩针内钩1针长针，2针长针，在第4圈相应的长针上钩1针长长针的前钩针，2针长针**，重复*到**11次，引拔成环。【共12针长长针的前钩针、60针长针】

21号线断线。

在第6圈任意长长针的前钩针内加入17号线，钩1针长长针的立针。这一针视为第7圈的第1针。第7圈的钩织均在第6圈的外侧半针完成：

第7圈：*在长长针的前钩针内钩（1针长长针，2针锁针，1针长长针），1针长长针，2针长针，3针中长针，5针短针，3针中长针，2针长针，1针长长针**，重复*到**3次，引拔成环。【共16针长长针、16针长针、24针中长针、20针短针、4段锁针】

17号线断线。

在第7圈任意段锁针内加入13号线，钩1针长针的立针。这一针视为第8圈的第1针。

第8圈：*在整段锁针内钩（2针长长针，2针锁针，2针长长针），6针长针，在第6圈相应长长针的前钩针上钩1针长长针的前钩针，跳过1针，2针长针，在第5圈相应长长针的前钩针上钩1针3卷长针的前钩针，跳过1针，2针长针，在第6圈相应长长针的前钩针上钩1针长长针的前钩针，跳过1针，6针长针**，重复*到**3次，引拔成环。【共4针3卷长针的前钩针、8针长长针的前钩针、80针长针、4段锁针】

13号线断线。

在第8圈任意段锁针内加入1号线。第9圈的钩织均在第8圈的外侧半针完成：

第9圈：*在整段锁针内钩（1针短针，2针锁针，1针短针），23针短针**，重复*到**3次，引拔成环。【共100针短针、4段锁针】

1号线断线。

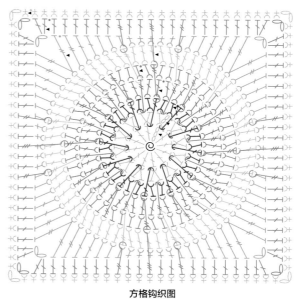

1	
41	
36	
27	
21	
17	
13	

方格钩织图

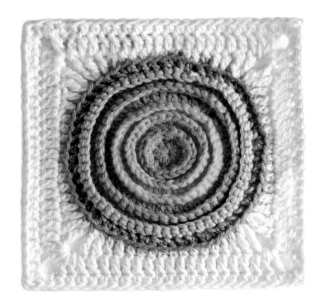

圆圈

方格

钩针：4mm

45号线绕线作环起针。

第1圈： 2针锁针，在环内钩9针中长针，在起始锁针第2针的内侧半针引拔。【共10针中长针】

第2圈的钩织均在第1圈的内侧半针完成：

第2圈： 1针锁针，同一针内再钩2针短针，重复钩（短针1针放2针）9次，引拔成环。【共20针短针】

45号线断线。

在第1圈任意针的外侧半针内加入17号线，钩1针长针的立针。这一针视为第3圈的第1针。第3圈的钩织均在第1圈的外侧半针完成：

第3圈： 每针内钩2针长针，在起始长针的内侧半针钩1针引拔针。【共20针长针】

第4圈的钩织均在第3圈的内侧半针完成：

第4圈： 1针锁针，同一针内再钩2针短针，1针短针，重复钩（短针1针放2针，1针短针）9次，引拔成环。【共30针短针】

17号线断线。

在第3圈任意针的外侧半针内加入21号线，钩1针长针的立针。这一针视为第5圈的第1针。第5圈的钩织均在第3圈的外侧半针完成：

第5圈： 长针1针放2针，1针长针，重复钩（长针1针放2针，1针长针）9次，在起始长针的内侧半针引拔。【共30针长针】

第6圈的钩织均在第5圈的内侧半针完成：

第6圈： 1针锁针，同一针内再钩2针短针，2针短针，重复钩（短针1针放2针，2针短针）9次，引拔成环。【共40针短针】

21号线断线。

在第5圈任意针的外侧半针内加入27号线，钩1针长针的立针。这一针视为第7圈的第1针。第7圈的钩织均在第5圈的外侧半针完成：

第7圈： 长针1针放2针，2针长针，重复钩（长针1针放2针，2针长针）9次，在起始长针的内侧半针引拔。【共40针长针】

第8圈的钩织均在第7圈的内侧半针完成：

第8圈： 1针锁针，同一针内再钩2针短针，3针短针，重复钩（短针1针放2针，3针短针）9次，引拔成环。【共50针短针】

27号线断线。

在第7圈任意针的外侧半针内加入31号线，钩1针长针的立针。这一针视为第9圈的第1针。第9圈的钩织均在第7圈的外侧半针完成：

第9圈： 长针1针放2针，3针长针，重复钩（长针1针放2针，3针长针）9次，在起始长针的内侧半针引拔。【共50针长针】

第10圈的钩织均在第9圈的内侧半针完成：

第10圈： 1针锁针，同一针内再钩2针短针，4针短针，重复钩（短针1针放2针，4针短针）9次，引拔成环。【共60针短针】

31号线断线。

在第9圈任意针的外侧半针内加入39号线，钩1针中长针的立针。这一针视为第11圈的第1针。第11圈的钩织均在第9圈的外侧半针完成：

第11圈： 中长针1针放2针，4针中长针，重复钩（中长针1针放2针，4针中长针）9次，在起始长针的内侧半针引拔。【共60针中长针】

39号线断线。

在第11圈任意针的外侧半针内加入1号线，钩1针长长针的立针。这一针视为第12圈的第1针。第12圈的钩织均在第11圈的外侧半针完成：

第12圈： 长长针1针放2针，2针锁针，长长针1针放2针，2针长针，3针中长针，3针短针，3针中长针，2针长针，*长长针1针放2针，2针锁针，长长针1针放2针，2针长针，3针中长针，3针短针，3针中长针，2针长针**，重复*到**2次，在起始长长针处引拔。【共16针长长针、16针长针、24针中长针、12针短针、4段锁针】

第13圈： 1针引拔针，在整段锁针内钩（1针引拔针，3针锁针，1针长针，2针锁针，2针长针），17针长针，*在整段锁针内（2针长针，2针锁针，2针长针），17针长针**，重复*到**2次，在起始锁针第3针处引拔。【共84针长针、4段锁针】

第14圈： 1针引拔针，在整段锁针内钩（1针引拔针，2针锁针，1针中长针，2针锁针，2针中长针），21针中长针，*在整段锁针内钩（2针中长针，2针锁针，2针中长针），21针中长针**，重复*到**2次，引拔成环。【共100针中长针、4段锁针】

1号线断线。

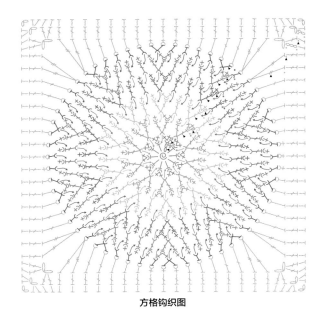

方格钩织图

爆米花

方格

钩针：4mm

48号线绕线作环起针。

第1圈：3针锁针，在环内钩2针长针，2针锁针，重复钩（3针长针，2针锁针）3次，引拔成环。【共12针长针、4段锁针】48号线断线。

在第1圈任意段锁针内加入45号线，钩1针长针的立针。这一针视为第2圈的第1针。

第2圈：*在整段锁针内钩（2针长针，2针锁针，2针长针），1针锁针，跳过1针，长针3针的爆米花针，1针锁针，跳过1针**，重复*到**3次，引拔成环。【共16针长针、4针爆米花针、4段锁针、8针锁针】45号线断线。

在第2圈任意段锁针内加入1号线，钩1针中长针的立针。这一针视为第3圈的第1针。第3圈的钩织需跳过全部单针的锁针。

第3圈：*在整段锁针内钩（2针中长针，2针锁针，2针中长针），2针中长针，在第1圈相应的针目上钩1针长长针的前钩针，在爆米花针上钩1针中长针的前钩针，在第1圈相应的针目上钩1针长长针的前钩针，2针中长针**，重复*到**3次，引拔成环。【共8针长长针的正钩针、32针中长针、4针中长针的正钩针、4段锁针】1号线断线。

在第3圈任意段锁针内加入22号线，钩1针长针的立针。这一针视为第4圈的第1针。

第4圈：*在整段锁针内钩（2针长针，2针锁针，2针长针），1针长针，1针锁针，跳过1针，长针3针的爆米花针，1针锁针，跳过1针，3针长针，1针锁针，跳过1针，长针3针的爆米花针，1针锁针，跳过1针，1针长针**，重复*到**3次，引拔成环。【共36针长针、8针爆米花针、4段锁针、16针锁针】22号线断线。

在第4圈任意段锁针内加入1号线，钩1针中长针的立针。这一针视为第5圈的第1针。第5圈的钩织需跳过全部单针的锁针。

第5圈：*在整段锁针内钩（2针中长针，2针锁针，2针中长针）针），3针中长针，重复（在第3圈相应的针目上钩1针长长针的前钩针，在爆米花针上钩1针中长针的前钩针，在第3圈相应的针目上钩1针长长针的前钩针，3针中长针）2次**，重复*到**3次，引拔成环。【共16针长长针的正钩针、52针中长针、8针中长针的正钩针、4段锁针】1号线断线。

在第5圈任意段锁针内加入31号线，钩1针长针的立针。这一针视为第6圈的第1针。

第6圈：*在整段锁针内钩（2针长针，2针锁针，2针长针），1针长针，1针锁针，跳过1针，长针3针的爆米花针，1针锁针，跳过1针，重复钩（4针长针，1针锁针，跳过1针，长针3针的爆米花针，1针锁针，跳过1针）2次，1针长针**，重复*到**3次，引拔成环。【共56针长针、12针爆米花针、4段锁针、24针锁针】31号线断线。

在第6圈任意段锁针内加入1号线，钩1针中长针的立针。这一针视为第7圈的第1针。第7圈的钩织需跳过全部单针的锁针。

第7圈：*在整段锁针内钩（2针中长针，2针锁针，2针中长针），3针中长针，重复（在第5圈相应的针目上钩1针长长针的前钩针，在爆米花针上钩1针中长针的正钩针，在第5圈相应的针目上钩1针长长针的前钩针，4针中长针）2次，在第5圈相应的针目上钩1针长长针的前钩针，在爆米花针上钩1针中长针的正钩针，在第5圈相应的针目上钩1针长长针的前钩针，3针中长针**，重复*到**3次，引拔成环。【共24针长长针的正钩针、72针中长针、12针中长针的正钩针、4段锁针】1号线断线。

在第7圈任意段锁针内加入45号线。

第8圈：*在整段锁针内钩（1针短针，2针锁针，1针短针），27针短针**，重复*到**3次，引拔成环。【共116针短针、4段锁针】45号线断线。

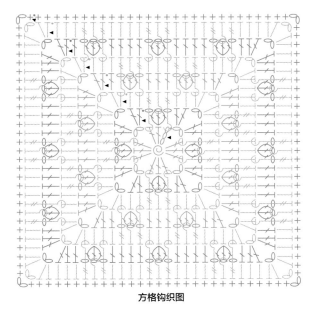

方格钩织图

48	▨
45	▨
1	▨
22	▨
31	▨

质感花纹

方格

钩针：4mm
45号线绕线作环起针。
第1圈：重复在环内钩（长针3针的爆米花针，2针锁针）4次，引拔成环。【共4针爆米花针、4段锁针】
45号线断线。
在第1圈任意段锁针内加入13号线，钩1针长针的立针。这一针视为第2圈的第1针。
第2圈：*在整段锁针内钩（3针长针，2针锁针，3针长针）**，重复*到**3次，引拔成环。【共24针长针、4段锁针】
13号线断线。
在第2圈任意段锁针内加入17号线，钩1针长针的立针。这一针视为第3圈的第1针。
第3圈：*在整段锁针内钩（3针长针，2针锁针，3针长针），1针锁针，跳过3针，在两组长针的间隙钩长针3针的爆米花针，1针锁针，跳过3针**，重复*到**3次，引拔成环。【共24针长针、4针爆米花针、4段锁针、8针锁针】
17号线断线。
在第3圈任意段锁针内加入21号线，钩1针爆米花针。这一针视为第4圈的第1针。
第4圈：*在整段锁针内钩（长针3针的爆米花针，2针锁针，长针3针的爆米花针），1针锁针，跳过3针，在锁针内钩3针长针，跳过爆米花针，在锁针内钩3针长针，1针锁针，跳过3针**，重复*到**3次，引拔成环。【共24针长针、8针爆米花针、4段锁针、8针锁针】
21号线断线。
在第4圈任意段2针锁针内加入27号线，钩1针中长针的立针。这一针视为第5圈的第1针。
第5圈：*在整段锁针内钩3针中长针，跳过爆米花针，在锁针内钩3针长针，跳过3针，在两组长针的间隙钩（3针长长

针，3针锁针，3针长长针），跳过3针，在锁针内钩3针长针，跳过爆米花针**，重复*到**3次，引拔成环。【共24针长长针、24针长针、12针中长针、4段锁针】
27号线断线。
在第5圈任意段锁针内加入31号线，钩1针长针的立针。这一针视为第6圈的第1针。
第6圈：*在整段锁针内钩（3针长针，2针锁针，3针长针），1针锁针，跳过3针，在两组针的间隙钩长针3针的爆米花针，1针锁针，跳过3针，在两组针的间隙钩3针长针，跳过3针，在两组针的间隙钩3针长针，1针锁针，跳过3针，在两组针的间隙钩长针3针的爆米花针，1针锁针，跳过3针**，重复*到**3次，引拔成环。【共48针长针、8针爆米花针、4段锁针、16针锁针】
31号线断线。
在第6圈任意段锁针内加入39号线，钩1针中长针的立针。这一针视为第7圈的第1针。
第7圈：*在整段锁针内钩（2针中长针，2针锁针，2针中长针），3针中长针，在锁针内钩1针中长针，在爆米花针上钩1针中长针的前钩针，在锁针内钩1针中长针，6针中长针，在锁针内钩1针中长针，在爆米花针上钩1针中长针的前钩针，在锁针内钩1针中长针，3针中长针**，重复*到**3次，引拔成环。【共80针中长针、8针中长针的前钩针、4段锁针】
39号线断线。
在第7圈任意段锁针内加入1号线。
第8圈：*在整段锁针内钩（1针短针，2针锁针，1针短针），22针短针**，重复*到**3次，引拔成环。【共96针短针、4段锁针】
1号线断线。

45
13
17
21
27
31
39
1

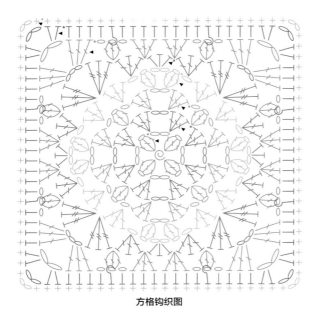

方格钩织图

纹理方块

方格

钩针：4mm

45号线绕线作环起针。

第1圈： 3针锁针，在环内钩2针长针，2针锁针，重复钩（3针长针，2针锁针）3次，引拔成环。【共12针长针、4段锁针】45号线断线。

在第1圈任意段锁针内加入13号线，钩1针中长针的立针。这一针视为第2圈的第1针。

第2圈： *在整段锁针内钩（2针中长针，2针锁针，2针中长针），3针长针的前钩针，在整段锁针内钩（2针中长针，2针锁针，2针中长针），3针长针的后钩针**，重复*到**1次，引拔成环。【共16针中长针、6针长针的前钩针、6针长针的后钩针、4段锁针】13号线断线。

在第2圈任意段锁针内加入17号线，钩1针中长针的立针。这一针视为第3圈的第1针。

第3圈： *在整段锁针内钩（1针中长针，2针锁针，1针中长针），7针长针的后钩针，在整段锁针内钩（1针中长针，2针锁针，1针中长针），7针长针的前钩针**，重复*到**1次，引拔成环。【共8针中长针、14针长针的前钩针、14针长针的后钩针、4段锁针】17号线断线。

在第3圈任意段锁针内加入21号线，钩1针中长针的立针。这一针视为第4圈的第1针。

第4圈： *在整段锁针内钩（2针中长针，2针锁针，2针中长针），9针长针的前钩针，在整段锁针内钩（2针中长针，2针锁针，2针中长针），9针长针的后钩针**，重复*到**1次，引拔成环。【共16针中长针、18针长针的前钩针、18针长针的后钩针、4段锁针】21号线断线。

在第4圈任意段锁针内加入27号线，钩1针中长针的立针。这一针视为第5圈的第1针。

第5圈： *在整段锁针内钩（1针中长针，2针锁针，1针中长针），13针长针的后钩针，在整段锁针内钩（1针中长针，2针锁针，1针中长针），13针长针的前钩针**，重复*到**1次，引拔成环。【共8针中长针、26针长针的前钩针、26针长针的后钩针、4段锁针】27号线断线。

在第5圈任意段锁针内加入31号线，钩1针中长针的立针。这一针视为第6圈的第1针。

第6圈： *在整段锁针内钩（2针中长针，2针锁针，2针中长针），15针长针的前钩针，在整段锁针内钩（2针中长针，2针锁针，2针中长针），15针长针的后钩针**，重复*到**1次，引拔成环。【共16针中长针、30针长针的前钩针、30针长针的后钩针、4段锁针】31号线断线。

在第6圈任意段锁针内加入39号线，钩1针中长针的立针。这一针视为第7圈的第1针。

第7圈： *在整段锁针内钩（1针中长针，2针锁针，1针中长针），19针长针的后钩针，在整段锁针内钩（1针中长针，2针锁针，1针中长针），19针长针的前钩针**，重复*到**1次，引拔成环。【共8针中长针、38针长针的前钩针、38针长针的后钩针、4段锁针】39号线断线。

在第7圈任意段锁针内加入45号线，钩1针中长针的立针。这一针视为第8圈的第1针。

第8圈： *在整段锁针内钩（2针中长针，2针锁针，2针中长针），21针长针的前钩针，在整段锁针内钩（2针中长针，2针锁针，2针中长针），21针长针的后钩针**，重复*到**1次，引拔成环。【共16针中长针、42针长针的前钩针、42针长针的后钩针、4段锁针】45号线断线。

在第8圈任意段锁针内加入1号线。

第9圈： *在整段锁针内钩（2针短针，2针锁针，2针短针），25针短针**，重复*到**3次，引拔成环。【共116针短针、4段锁针】1号线断线。

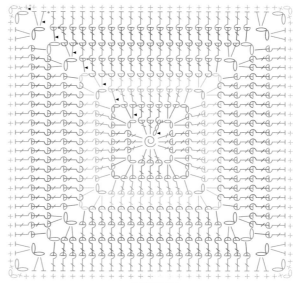

方格钩织图

45	
13	
17	
21	
27	
31	
39	
1	

节日庆典

▨	9
▨	3
▨	25
▨	15
▨	22
▨	11
▨	2

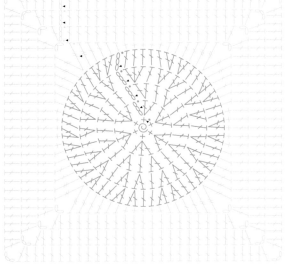

方格钩织图

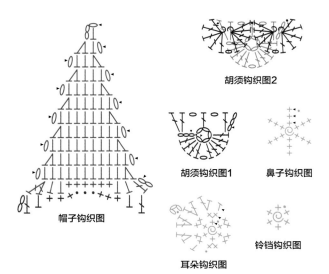

帽子钩织图

胡须钩织图2

胡须钩织图1 鼻子钩织图

铃铛钩织图

耳朵钩织图

圣诞精灵

方格

钩针：2.75mm
9号线绕线作环起针。
第1圈： 6针短针，引拔成环。【共6针短针】
第2圈： 3针锁针，后5针每针内钩3针长针，长针1针放2针，引拔成环。【共18针长针】
第3圈： 3针锁针，1针长针，重复钩（1针长针，长针1针放2针）8次，引拔成环。【共26针长针】
第4圈： 3针锁针，重复钩（长针1针放2针，长针1针放2针，1针长针）8次，长针1针放3针，引拔成环。【共44针长针】
第5圈： 3针锁针，重复钩（长针1针放2针，长针1针放2针，2针长针）10次，3针长针，引拔成环。【共64针长针】
9号线断线。在第5圈任意针内加入3号线，钩1针长针的立针。
第6圈： 同一针内再钩（2针锁针，1针长长针），*1针长长针，2针长针，2针中长针，5针短针，2针中长针，2针长针，1针长长针，在同一针内钩（1针长长针，2针锁针，1针长长针）**，重复*到**3次，最后一次重复时省略（1针长长针，2针锁针，1针长长针），引拔成环。【共68针、4段锁针】
第7圈： 1针引拔针，在同一段锁针内钩（1针引拔针，3针锁针，1针长长针，2针锁针，2针长针），*17针长针，在整段锁针内钩（2针长针，2针锁针，2针长针）**，重复*到**3次，最后一次重复时省略（2针长针，2针锁针，2针长针），引拔成环。【共84针长针、4段锁针】
第8圈： 3针锁针，1针长针，*在整段锁针内钩（2针长针，3针锁针，2针长针），21针长针**，重复*到**3次，最后一次重复时省略最后2针长针，引拔成环。【共100针长针、4段锁针】
第9圈： 3针锁针，3针长针，*在整段锁针内钩（2针长针，3针锁针，2针长针），25针长针**，重复*到**3次，最后一次重复时省略最后4针长针，引拔成环。【共116针长针、4段锁针】
3号线断线。

鼻子

9号线绕线作环起针。
第1圈： 6针短针，引拔成环。【共6针短针】
第2圈： 每针内钩1针短针。【共6针短针】
第3圈： 每针内钩1针短针，引拔成环。【共6针短针】
9号线断线。填充少许棉花并缝在方格中央。
使用2号线，在"鼻子"两侧绣上"眼睛"。使用5号线，沿着方格第3圈外缘绣上"嘴巴"。

帽子

25号线3针锁针起针。

第1行： 在起针锁针倒数第3针处钩1针中长针，1针锁针。【共2针中长针】
第2行： 翻面，1针中长针，中长针1针放2针，1针锁针。【共3针中长针】
第3行： 翻面，除最后一针的每针内钩1针中长针，最后一针内钩2针中长针，1针锁针。【共4针中长针】
第4-11行： 重复第3行的钩织。【共12针中长针】
第12行： 2针锁针，同一针内再钩1针长针，2针中长针，6针短针，2针中长针，长针1针放2针。【共13针】
25号线断线。在第12行最后一针内加入15号线。
第13行： 2针锁针，同一针内再钩1针长针，1针中长针，3针短针，3针引拔针，3针短针，1针中长针，1针长针。【共13针】
15号线断线。
将"帽子"缝在"精灵"头顶。将"帽子"顶端向下弯折，并缝合固定。

耳朵

9号线绕线作环起针。
第1圈： 6针短针，引拔成环。【共6针短针】
第2圈： 每针内钩2针短针。【共12针短针】
第3圈： 1针中长针，同一针内钩（1针中长针，1针长针），长针1针放2针，1针狗牙针，长针1针放2针，同一针内钩（1针长针，1针中长针），1针中长针，1针引拔针。【共10针、1针狗牙针】
9号线断线。重复以上步骤共钩织2只"耳朵"。
将"耳朵"缝在"帽子"两侧。

铃铛

22号线绕线作环起针。
钩法： 6针短针，引拔成环。【共6针短针】
22号线断线。将"铃铛"缝在"帽子"顶端。

胡须

11号线5针锁针起针，引拔成环。
第1圈： 3针锁针，在环内钩4针长针，1针锁针，在环内钩5针长针。【共1圈"胡须"】
第2圈的钩织为下一圈"胡须"构建基础：
第2圈： 3针锁针，同一针内再钩1针长针，1针锁针，在第1圈的环内钩1针长针，1针锁针，在第1圈起针锁针第3针处钩2针长针。【共2个双针基础、1个单针基础】
第3圈： 在第2圈第1个双针基础的第1针上钩5针长针的后钩针，1针锁针，在第1个双针基础的第2针上钩5针长针的后钩针，在单针基础上钩1针引拔针，在第2个双针基础的第1针上钩5针长针的后钩针，1针锁针，在第2个双针基础的第2针上钩5针后钩针。【共2圈"胡须"】
11号线断线。将"胡须"缝在"精灵脸部"下方。

110

生日蛋糕

方格

钩针：4mm

42号线绕线作环起针。

第1圈：3针锁针，在环内钩11针长针，引拔成环。【共12针长针】

第2圈：3针锁针，同一针内再钩1针长针，每针内钩2针长针，引拔成环。【共24针长针】

第3圈：3针锁针，同一针内再钩1针长针，1针长针，*长针1针放2针，1针长针**，重复*到**直到最后，引拔成环。【共36针长针】

42号线断线。

在第3圈任意针内加入19号线。

第4圈的钩织均在第3圈的外侧半针完成：

第4圈：3针锁针，同一针内再钩1针长针，2针锁针，长针1针放2针，2针中长针，3针短针，2针中长针，*长针1针放2针，2针锁针，长针1针放2针，2针中长针，3针短针，2针中长针**，重复*到**2次，引拔成环。【共16针长针、16针中长针、12针短针、4段锁针】

第5圈：1针引拔针，在整段锁针内钩（1针引拔针，3针锁针，1针长针，2针锁针，2针长针），在下一段锁针前的每针内钩1针长针，*在每段锁针内钩（2针长针，2针锁针，2针长针），在下一段锁针前的每针内钩1针长针**，重复*到**2次，引拔成环。【共60针长针、4段锁针】

第6-7圈：重复第5圈的钩织。【共92针长针、4段锁针】

19号线断线。

在第7圈任意段锁针内加入32号线。

第8圈：*在整段锁针内钩（1针短针，1针锁针，1针短针），在下一段锁针内的每针内钩1针短针**，重复*到**3次，引拔成环。【共100针短针、4针锁针】

32号线断线。

蛋糕托

11号线11针锁针起针。

第1行：在起针锁针倒数第4针处钩1针长针，继续在每针锁针内钩1针长针，2针锁针，翻面。【共9针长针】

第2行：长针1针放2针，7针长针，长针1针放2针，2针锁针，翻面。【共11针长针】

第3行：每针内钩1针长针，2针锁针，翻面。【共11针长针】

第4行：长针1针放2针，9针长针，长针1针放2针。【共13针长针】

11号线断线。

在第4行最后一针内加入42号线。

第5行：每针内钩1针短针，1针锁针，翻面。【共13针短针】

第6行：1针短针放3针，*中长针1针，1针短针**，重复*到**直到最后。【共18针中长针、7针短针】

42号线断线。

蜡烛

45号线6针锁针起针。

第1行：在起针锁针倒数第2针处钩1针短针，继续在每针锁针内钩1针短针。【共5针短针】

第2行：1针锁针，翻面，每针内钩1针短针。【共5针短针】

第3行：重复第2行的钩织。【共5针短针】

45号线断线。

烛火

22号线2针锁针起针。

钩法：在起针锁针倒数第2针内钩（1针短针，1针中长针，1针长针，1针中长针，1针短针），拉紧，引拔成环。【共5针】

22号线断线。

收尾

使用32、45和20号线在"蛋糕"顶部绣上"碎屑"。

将"蜡烛"和"烛火"缝在"蛋糕"顶端。

将"蛋糕托"缝在方格上。

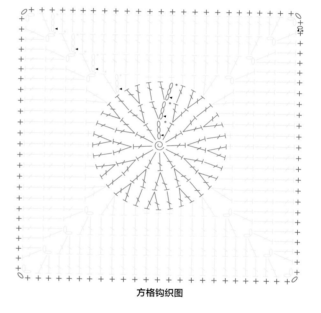

42	
19	
32	
11	
45	
22	
20	

方格钩织图

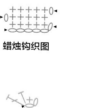

蜡烛钩织图

烛火钩织图

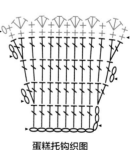

蛋糕托钩织图

火鸡

内层羽毛

钩针：2.75mm
10号线绕线作环起针。
第1圈：6针短针，引拔成环。【共6针短针】
第2圈：3针锁针，后5针每针内钩3针长针，长针1针放2针，引拔成环。【共18针长针】
第3圈：3针锁针，1针长针，重复钩（1针长针，长针1针放2针）8次，引拔成环。【共26针长针】
第4圈的钩织均在第3圈的内侧半针完成：
第4圈：1针锁针，*跳过1针，长针1针内放5针，跳过1针，1针短针**，重复*到**4次。【共5朵"扇形"、6针短针】
10号线断线。

中层羽毛

在与"内层羽毛"第4圈第1朵"扇形"第1针对应的外侧半针加入12号线，钩1针长针的立针。第5圈的钩织均在第3圈的外侧半针完成：
第5圈：1针长针，重复钩（长针1针放2针，长针1针放2针，1针长针）8次，长针1针放3针，引拔成环。【共44针长针】
第6圈的钩织均在第5圈的内侧半针完成：
第6圈：1针锁针，重复（跳过1针，长针1针放5针，跳过1针，1针短针）9次。【共9朵"扇形"、10针短针】
12号线断线。

外层羽毛

在与"中层羽毛"第6圈第1朵"扇形"第1针对应的外侧半针加入16号线，钩1针长针的立针。第7圈的钩织均在第5圈的外侧半针完成：

第7圈：1针长针，重复钩（长针1针放2针，长针1针放2针，2针长针）10次，3针长针，引拔成环。【共64针长针】
第8圈的钩织均在第7圈的内侧半针完成：
第8圈：1针锁针，重复（跳过1针，长针1针放5针，跳过1针，1针短针）14次。【共14朵"扇形"、15针短针】16号线断线。

方格

在第7圈从右数起第9和第10朵"扇形"之间的针目内加入8号线，钩1针长长针的立针。
第9圈：同一针内再钩（2针锁针，1针长长针），*1针长长针，2针长针，2针中长针，5针短针，2针中长针，2针长针，1针长长针，在同一针内钩（1针长长针，2针锁针，1针长长针）**，重复*到**3次，最后一次重复时省略（1针长长针，2针锁针，1针长长针），引拔成环。【共68针、4段锁针】
第10圈：1针引拔针，在同一段锁针内钩（1针引拔针，3针锁针，1针长针，2针锁针，2针长针），*17针长针，在整段锁针内钩（2针长针，2针锁针，2针长针）**，重复*到**3次，最后一次重复时省略（2针长针，2针锁针，2针长针），引拔成环。【共84针长针、4段锁针】
第11圈：3针锁针，1针长针，*在整段锁针内钩（2针长针，3针锁针，2针长针），21针长针**，重复*到**3次，最后一次重复时省略最后2针针，引拔成环。【共100针长针、4段锁针】
第12圈：3针锁针，3针长针，*在整段锁针内钩（2针长针，3针锁针，2针长针），25针长针**，重复*到**3次，最后一次重复时省略最后4针针，引拔成环。【共116针长针、4段锁针】
8号线断线。

（接下页）

■	10
■	12
■	16
■	8
■	11
■	2
■	22
■	15

方格钩织图

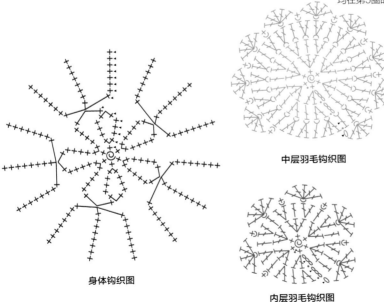

身体钩织图

中层羽毛钩织图

内层羽毛钩织图

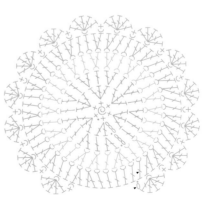

外层羽毛钩织图

（接上页）

身体

11号线绕线作环起针。

第1圈： 在环内钩6针短针。
【共6针短针】

第2圈： 每针内钩2针短针。
【共12针短针】

第3-5圈： 每针内钩1针短针。
【共12针短针】

第6圈： 重复钩（短针2针并1针，4针短针）2次。【共10针短针】

第7圈： 短针2针并1针直到最后。【共5针短针】

第8圈： 每针内钩3针短针。
【共15针短针】

第9-15圈： 每针内钩1针短针。【共15针短针】

将"身体"底端铺平并捏紧，以短针缝合。

11号线断线。

收尾

使用2号线，缝上"眼睛"。

使用22号线，缝上"鸡喙"和"鸡脚"。

剪一段15号线，约15cm，固定在"身体"背面，并由后往前穿线至"鸡喙"边缘。将针重新插同一个孔洞，缓慢收线形成一个线圈。直到收紧为尺寸合适的线圈后，捏紧并将线头在背面固定。

将"身体"缝在方格上，"头部"不要缝。

圣诞老人腰带

方格

钩针：4mm

14号线27针锁针起针。

第1行： （织片正面）在起针锁针倒数第2针处钩1针短针，继续在锁针上钩25针短针，翻面。【共26针短针】

第2行： 1针锁针，每针内钩1针短针，翻面。【共26针短针】

第3行： 1针锁针，每针内钩1针短针，翻面。【共26针短针】

第4-11行： 重复第2-3行4次。【共26针短针】

14号线断线。

在第11行末尾加入2号线。第12行的钩织均在第11行的内侧半针完成：

第12行： （织片反面）1针锁针，每针内钩1针短针，翻面。【共26针短针】

第13-16行： 1针锁针，每针内钩1针短针，翻面。【共26针短针】

2号线断线。

在第16行末尾加入14号线。第17行的钩织均在第16行的外侧半针完成：

第17行： （织片正面）1针锁针，每针内钩1针短针，翻面。【共26针短针】

第18行： 1针锁针，每针内钩1针短针，翻面。【共26针短针】

第19行： 1针锁针，每针内钩1针短针，翻面。【共26针短针】

第20-28行： 重复第19行。【共26针短针】

14号线断线。

在第28行第1针加入1号线。

第1圈： 同一针内再钩1针短针，2针锁针，*沿着边缘均匀钩织26针短针，2针锁针**，26针短针，2针锁针，重复*到**1次，25针短针，在起始短针处引拔。【共104针短针、4段锁针】

第2圈： 1针引拔针，在整段锁针内钩（1针引拔针，2针锁针，1针中长针，2针锁针，2针中长针），26针中长针，*在整段锁针内钩（2针中长针，2针锁针，2针中长针），26针中长针**，重复*到**2次，引拔成环。【共120针中长针、4段锁针】

1号线断线。

腰带扣

22号线14针锁针起针，引拔成环。

钩法： 1针锁针，同一针内再钩2针中长针，1针锁针，中长针1针放2针，2针中长针，中长针1针放2针，1针锁针，中长针1针放2针，1针中长针，中长针1针放2针，1针锁针，中长针1针放2针，2针中长针，中长针1针放2针，1针锁针，中长针1针放2针，1针中长针。【共22针中长针、4针锁针】

22号线断线。

沿着起针锁针将"腰带扣"缝在方格上。

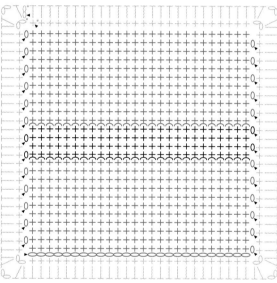

方格钩织图

腰带扣钩织图

14	■
2	■
1	▨
22	▨

驯鹿鲁道夫

方格

钩针：2.75mm

10号线绕线作环起针。

第1圈：6针短针，引拔成环。【共6针短针】

第2圈：3针锁针，后5针每针内钩3针长针，长针1针放2针，引拔成环。【共18针长针】

第3圈：3针锁针，1针长针，重复钩（1针长针，长针1针放2针）8次，引拔成环。【共26针长针】

第4圈：3针锁针，重复钩（长针1针放2针，长针1针放2针，1针长针）8次，长针1针放3针，引拔成环。【共44针长针】

第5圈：3针锁针，重复钩（长针1针放2针，长针1针放2针，2针长针）10次，3针长针，引拔成环。【共64针长针】10号线断线。

在第5圈任意针内加入25号线，钩1针长长针的立针。

第6圈：同一针内再钩（2针锁针，1针长长针），*1针长长针，2针长针，2针中长针，5针短针，2针中长针，2针长针，1针长长针，在同一针内钩（1针长长针，2针锁针，1针长长针）**，重复*到**3次，最后一次重复时省略（1针长长针，2针锁针，1针长长针），引拔成环。【共68针、4段锁针】

第7圈：在同一段锁针内钩（1针引拔针，3针锁针，1针长针，2针锁针，2针长针），*17针长针，在整段锁针内钩（2针长针，2针锁针，2针长针）**，重复*到**3次，最后一次重复时省略（2针长针，2针锁针，2针长针），引拔成环。【共84针长针、4段锁针】

第8圈：3针锁针，1针长针，*在整段锁针内钩（2针长针，3针锁针，2针长针），21针长针**，重复*到**3次，最后一次重复时省略最后2针长针，引拔成环。【共100针长针、4段锁针】

第9圈：3针锁针，3针长针，*在整段锁针内钩（2针长针，3针锁针，2针长针），25针长针**，重复*到**3次，最后一次重复时省略最后4针长针，引拔成环。【共116针长针、4段锁针】25号线断线。

鹿角主干

11号线绕线作环起针。

第1圈：在环内钩6针短针。【共6针短针】

第2-9圈：每针内钩1针短针。【共6针短针】

11号线断线。重复以上步骤共钩织2个"鹿角主干"。

少量填充，并将开口处缝合。

鹿角支干

11号线绕线作环起针。

第1圈：在环内钩5针短针。【共5针短针】

第2-4圈：每针内钩1针短针。【共5针短针】

11号线断线。重复以上步骤共钩织2个"鹿角支干"。

少量填充，将"支干"缝在"主干"中段位置，共制作2只"鹿角"。

鼻子

15号线绕线作环起针。

第1圈：在环内钩5针短针。【共5针短针】

第2圈：每针内钩2针短针。【共10针短针】

第3圈：每针内钩1针短针，引拔成环。【共10针短针】

15号线断线。

口鼻部

8号线5针锁针起针。

第1圈：跳过1针锁针，在锁针链上钩3针短针，短针1针放3针，翻转织片至起针锁针另一侧，继续在锁针链上钩3针短针，短针1针放3针。【共12针短针】

第2圈：4针短针，重复钩（短针1针放2针）2次，4针短针，重复钩（短针1针放2针）2次。【共16针短针】

第3圈：重复钩（1针短针，短针1针放2针）8次。【共24针短针】

第4圈：重复钩（1针短针，短针1针放2针）12次。【共36针短针】

8号线断线。

耳朵

10号线绕线作环起针。

第1圈：在环内钩6针短针。【共6针短针】

第2圈：每针内钩1针短针。【共6针短针】

第3圈：重复钩（短针1针放2针，2针短针）2次。【共8针短针】

第4圈：每针内钩1针短针。【共8针短针】

第5圈：重复钩（短针1针放2针，3针短针）2次。【共10针短针】

第6圈：每针内钩1针短针。【共10针短针】

第7圈：重复钩（短针1针放2针，4针短针）2次。【共12针短针】

第8圈：每针内钩1针短针。【共12针短针】

第9圈：重复钩短针2针并1针直到最后。【共6针短针】

10号线断线。重复以上步骤共钩织2只"耳朵"。

收尾

将"口鼻部"和"鼻子"缝在方格相应位置。

使用2号线，在方格第2圈外缘、口鼻部两侧绣上"眼睛"。

将"耳朵"对折，缝合底端来塑形。

将"鹿角"缝在"头部"顶端，左右相隔约9针。

将"耳朵"缝在"鹿角"侧边。

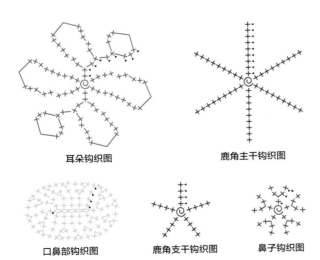

方格钩织图

耳朵钩织图　　　　鹿角主干钩织图

口鼻部钩织图　　鹿角支干钩织图　　鼻子钩织图

10	
25	
11	
15	
8	
2	

礼物盒子

方格

钩针：2.75mm
40号线16锁针起针。
第1行： 跳过2针锁针，钩1针中长针，剩余每针锁针内钩1针中长针。【共14针】
第2-12行： 1针锁针，每针内钩1针中长针。【共14针中长针】

方格剩余部分以圈织完成：
第13圈： 2针锁针，同一针内再钩1针短针，沿着方格顶部的每针短针内钩1针短针，在角落钩（1针短针，2针锁针，1针短针），*将织片旋转90°，沿着每条边均匀钩织12针短针，在角落钩（1针短针，2针锁针，1针短针）**，重复*到**1次，省略最后角落内的钩织，引拔成环。【共56针长针、4段锁针】40号线断线。

在第13圈任意段锁针内加入38号线，钩1针长针的立针。这一针视为第14圈的第1针。
第14圈： *在整段锁针内钩（1针长针，2针锁针，1针长针），在外侧半针钩14针长针**，重复*到**3次，引拔成环。【共64针长针、4段锁针】
第15圈： 在整段锁针内钩（1针引拔针，3针锁针，1针长针，2针锁针，2针长针），*16长针，在整段锁针内钩（2针长针，2针锁针，2针长针）**，重复*到**3次，省略最后的（2针长针，2针锁针，2针长针），引拔成环。【共80针长针、4段锁针】
第16圈： 3针锁针，1针长针，*在整段锁针内钩（2针长针，2针锁针，2针长针），20针长

针**，重复*到**3次，省略最后2针，引拔成环。【共96针长针、4段锁针】
第17圈： 3针锁针，3针长针，*在整段锁针内钩（2针长针，3针锁针，2针长针），24针长针**，重复*到**3次，省略最后4针，引拔成环。【共112针长针、4段锁针】
38号线断线。

包装丝带

"包装丝带"采用平面钩织。
1号线打活结起针。
在织片背面捏住线头，将钩针从前往后插入"盒子"任意边的中部，钩出线圈，在织片表面钩1针引拔针，线头仍旧留在织片背面。
在下一针内插入钩针，钩出一个线圈，钩1针引拔针。继续沿着"盒子"的中线钩引拔针。
1号线断线。重复以上步骤，共钩织2条"丝带"。

蝴蝶结

1号线22锁针起针，在起始针引拔成环。
第1圈： 每针内钩1针短针。注意不要扭转织片，记号扣可以用来标记圈数。【共22针】
第2圈： 重复（3针引拔针，在外侧半针钩8针短针）2次。【共22针】
第3-5圈： 重复第2圈的钩织，引拔成环。【共22针】
1号线断线。
捏紧引拔针形成的位置，用线头绕紧，制作成"蝴蝶结"的形状。
将"蝴蝶结"缝在方格上。

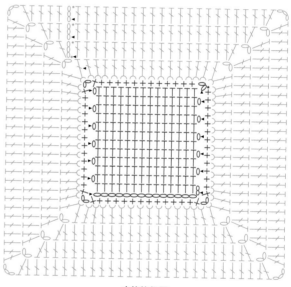

1	
38	
40	

方格钩织图

蝴蝶结钩织图

圣诞花环

方格

钩针：2.75mm
1号线绕线作环起针。
第1圈：6针短针，引拔成环。【共6针短针】
第2圈：3针锁针，后5针每针内钩3针长针，长针1针放2针，引拔1针成环。【共18针长针】
第3圈：3针锁针，1针长针，重复钩（1针长针，长针1针放2针）8次，引拔成环。【共26针长针】
1号线断线。
在第3圈任意针内加入26号线，钩1针长针3针的泡芙针的立针。这一针视为第4圈的第1针。
第4圈：长针3针的泡芙针，重复钩（2针锁针，长针3针的泡芙针）25次，2针锁针，在起始泡芙针引拔成环。【共26针泡芙针、26段锁针】
第5圈：在整段锁针内钩1针引拔针，3针锁针，*在整段锁针内钩（长针4针的爆米花针，2针锁针）**，重复*到**7次，最后一次重复时省略最后1针锁针，更换成15号线，重复在整段锁针内钩（长针4针的爆米花针，2针锁针）2次，最后一次重复时省略最后1针锁针，更换成26号线，重复在整段锁针内钩（长针4针的爆米花针，2针锁针）6次，最后一次重复时省略最后1针锁针，更换成15号线，重复在整段锁针内钩（长针4针的爆米花针，2针锁针）2次，最后一次重复时省略最后1针锁针，更换成26号线，重复在整段锁针内钩（长针4针的爆米花针，2针锁针）7次，最后一次重复时省略最后1针锁针，更换成15号线，重复在整段锁针内钩（长针4针的爆米花针，2针锁针）2次，引拔成环。【共26针爆米花针、26段锁针】
26和15号线断线。
在第5圈任意段锁针内加入1号线，钩1针长长针的立针。第6圈的钩织将视上一圈的整段锁

针为1针。
第6圈：同一针内再钩（2针锁针，1针长针），*1针长长针，2针长针，2针中长针，5针短针，2针中长针，2针长针，1针长长针，在同一针内钩（1针长长针，2针锁针，1针长长针）**，重复*到**3次，最后一次重复时省略（1针长长针，2针锁针，1针长长针），引拔成环。【共68针、4段锁针】
第7圈：在同一段锁针内钩（1针引拔针，3针锁针，1针长针，2针长针，2针长针），*17针长针，在整段锁针内钩（2针长针，2针锁针，2针长针）**，重复*到**3次，最后一次重复时省略（2针长针，2针锁针，2针长针），引拔成环。【共84针长针、4段锁针】
第8圈：3针锁针，1针长针，*在整段锁针内钩（2针长针，3针锁针，2针长针），21针长针**，重复*到**3次，最后一次重复时省略最后2针长针，引拔成环。【共100针长针、4段锁针】
第9圈：3针锁针，3针长针，*在整段锁针内钩（2针长针，3针锁针，2针长针），25针长针**，重复*到**3次，最后一次重复时省略最后4针长针，引拔成环。【共116针长针、4段锁针】
1号线断线。

圣诞叶

28号线6针锁针起针。
钩法：在起针锁针第2针处钩1针引拔针，重复钩（1针短针，1针狗牙针，1针引拔针）2次，1针锁针，翻转织片至起针锁针的另一侧，重复钩（1针引拔针，1针短针，1针狗牙针）2次，1针引拔针，1针锁针。【共4针短针、6针引拔针、2针狗牙针】
28号线断线。重复以上步骤共钩织6片"圣诞叶"。
将"圣诞叶"缝在方格相应位置。

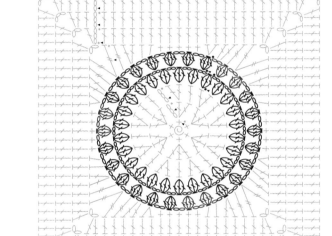

1	
26	
15	
28	

方格钩织图

圣诞叶钩织图

复活节彩蛋

方格

钩针：2.75mm
3号线绕线作环起针。

第1圈：3针锁针，2针长针，2针锁针，重复钩（3针长针，2针锁针）3次，拉紧，引拔成环。【共12针长针、4段锁针】

第2圈：3针锁针，2针长针，*在整段锁针内钩（2针长针，2针锁针，2针长针），3针长针**，重复*到**3次，最后一次重复时省略最后3针，引拔成环。【共28针长针、4段锁针】
3号线断线。在第2圈任意段锁针内重新加入3号线，钩1针长针的立针。

第3圈：同一段锁针内再钩（1针长针，2针锁针，2针长针），*跳过1针，钩2针长针，更换成48号线，长针1针放5针，更换成3号线，2针长针，跳过1针，在整段锁针内钩（2针长针，2针锁针，2针长针）**，重复*到**3次，最后一次重复时省略（2针长针，2针锁针，2针长针），引拔成环。【共52针长针、4段锁针】
3和48号线断线。
在第3圈任意段锁针内加入3号线，钩1针长针的立针。

第4圈：同一段锁针内再钩（2针锁针，1针长针），*跳过1针，钩3针长针，更换成20号线，5针长针的前钩针，更换成3号线，3针长针，跳过1针，在整段锁针内钩（1针长针，2针锁针，1针长针）**，重复*到**3次，最后一次重复时省略（1针长针，2针锁针，1针长针），引拔成环。【共52针长针、4段锁针】
20号线断线。

第5圈：在整段锁针内钩（1针引拔针，3针锁针，1针长针，2针锁针，2针长针），*跳过1针，3针长针，更换成34号线，在上一圈前钩针上钩长针5针并1针，1针锁针，更换成3号线，3针长针，跳过1针，在整段锁针内钩（2针长针，2针锁针，2针长针）**，重复*到**3次，最后一次重复时省略（2针长针，2针锁针，2针长针），引拔成环。【共44针长针、4针锁针、4段锁针】
34号线断线。

第6圈：3针锁针，跳过1针，在整段锁针内钩（2针长针，2针锁针，2针长针），*跳过1针，钩1针长针，更换成49号线，长针1针放5针，更换成3号线，2针长针，在"彩蛋"上钩1针长针，跳过锁针，2针长针，更换成49号线，长针1针放5针，更换成3号线，1针长针，跳过1针，在整段锁针内钩（2针长针，2针锁针，2针长针）**，重复*到**3次，最后一次重复时省略（2针长针，2针锁针，2针长针），引拔成环。【共84针长针、4段锁针】
49号线断线。

第7圈：2针引拔针，在整段锁针内钩（1针引拔针，3针锁针，1针长针，2针锁针，2针长针），*跳过1针，钩2针长针，更换成38号线，5针长针的前钩针，更换成3号线，5针长针，更换成38号线，5针长针的前钩针，更换成3号线，2针长针，跳过1针，在整段锁针内钩（2针长针，3针锁针，2针长针）**，重复*到**3次，最后一次重复时省略（2针长针，3针锁针，2针长针），引拔成环。【共92针长针、4段锁针】
38号线断线。

第8圈：1针引拔针，在整段锁针内钩（1针引拔针，3针锁针，1针长针，3针锁针，2针长针），*4针长针，更换成23号线，长针5针并1针，1针锁针，更换成3号线，5针长针，更换成23号线，长针5针并1针，1针锁针，更换成3号线，4针长针，在整段锁针内钩（2针长针，3针锁针，2针长针）**，重复*到**3次，最后一次重复时省略（2针长针，3针锁针，2针长针），引拔成环。【共76针长针、4段锁针、8针锁针】
23号线断线。

第9圈：3针锁针，1针长针，*在整段锁针内钩（2针长针，2针锁针，2针长针），6针长针，在"彩蛋"上钩2针长针，跳过锁针，5针长针，在"彩蛋"上钩2针长针，跳过锁针，6针长针**，重复*到**3次，最后一次重复时省略最后2针长针，引拔成环。【共100针长针、4段锁针】
3号线断线。

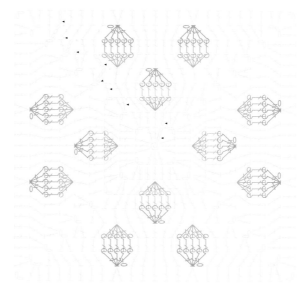

方格钩织图

3	
48	
20	
34	
49	
38	
23	

圣诞挂饰

方格

钩针：2.75mm
37号线绕线作环起针。
第1圈： 6针短针，引拔成环。【共6针短针】
第2圈： 3针锁针，后5针每针内钩3针长针，长针1针放2针，引拔成环。【共18针长针】
第3圈： 3针锁针，1针长针，重复钩（1针长针，长针1针放2针）8次，引拔成环。【共26针长针】
第4圈： 3针锁针，重复钩（长针1针放2针，长针1针放2针，1针长针）8次，长针1针放3针，引拔成环。【共44针长针】
37号线断线。
在第4圈任意针内加入3号线，钩1针长针的立针。
第5圈： 重复钩（长针1针放2针，长针1针放2针，2针长针）10次，3针长针，引拔成环。【共64针长针】
第6圈： 6针锁针，同一针内再钩1针长长针，*1针长长针，2针长针，2针中长针，5针短针，2针中长针，2针长针，1针长长针，在同一针内钩（1针长长针，2针锁针，1针长长针）**，重复*到**3次，最后一次重复时省略（1针长长针，2针锁针，1针长长针），引拔成环。【共68针、4段锁针】
第7圈： 在同一段锁针内钩（1针引拔针，3针锁针，1针长针，2针锁针，2针长针），*17针长针，在整段锁针内钩（2针长针，2针锁针，2针长针）**，重复*到**3次，最后一次重复时省略（2针长针，2针锁针，2针长针），引拔成环。【共84针长针、4段锁针】
第8圈： 3针锁针，1针长针，*在整段锁针内钩（2针长针，3针锁针，2针长针），21针长针**，重复*到**3次，最后一次重复时省略最后2针长针，引拔成环。【共100针长针、4段锁针】
第9圈： 3针锁针，3针长针，*在整段锁针内钩（2针长针，3针锁针，2针长针），25针长针**，重复*到**3次，最后一次重复时省略最后4针长针，引拔成环。【共116针长针、4段锁针】
3号线断线。

挂饰

37号线绕线作环起针。
第1圈： 6针短针，引拔成环。【共6针短针】
第2圈： 每针内钩2针短针。【共12针短针】
第3圈： *1针短针，短针1针放2针**，重复*到**直到最后，引拔成环。【共18针短针】
第4圈： *短针1针放2针，2针短针**，重复*到**直到最后，引拔成环。【共24针短针】
第5圈： *3针短针，短针1针放2针**，重复*到**直到最后，引拔成环。【共30针短针】
第6圈： *短针1针放2针，4针短针**，重复*到**直到最后，引拔成环。【共36针短针】
第7圈： *5针短针，短针1针放2针**，重复*到**直到最后，引拔成环。【共42针短针】
第8圈： 短针1针放2针，每针内钩1针短针，最后一针内钩2针短针。【共44针短针】
第9~10圈： 每针内钩1针短针，引拔成环。【共44针短针】
37号线断线。
使用1号线，在"挂饰"上绣上"雪花"。

悬挂头

5号线绕线作环起针。
第1圈： 4针短针，拉紧，引拔成环。【共4针短针】
第2圈： 每针内钩2针短针，引拔成环。【共8针短针】
第3圈： 在每针的外侧半针钩1针短针，引拔成环。【共8针短针】
第4圈： 每针内钩1针短针，引拔成环。【共8针短针】
5号线断线。

收尾

将"挂饰"定位在方格中央，沿着外侧半针，将其缝合在方格第4圈的外缘。剩下5cm空隙时塞入填充物，再将空隙缝合。
剪一段22号线，约20cm长，固定在"悬挂头"内部。用缝纫针将线穿过"悬挂头"的中心，再穿回同一个孔洞，形成一个线圈。缓慢拉线直到线圈达到合适的尺寸，将线头固定在"悬挂头"内部并断线。
将"悬挂头"缝在"挂饰"上。

■	37
□	3
▨	1
▦	5
▧	22

方格钩织图

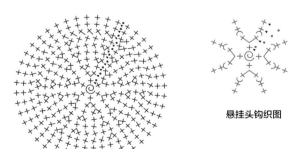

挂饰钩织图

悬挂头钩织图

圣诞树

树

钩针：4mm
25号线18针锁针起针。
第1行： 在起针锁针倒数第2针处钩1针短针，继续在每针锁针内钩1针短针，1针锁针，翻面。【共17针短针】
第2行： 跳过1针，每针内钩1针短针，1针锁针，翻面。【共16针短针】
第3行： 跳过1针，每针内钩1针短针，1针锁针，翻面。【共15针短针】
第4-15行： 重复第3行。【共3针短针】
25号线断线。

树干

在"树"的底边从左数第8针处加入11号线。
第1行： 同一针内再钩1针短针，2针短针，1针锁针，翻面。【共3针短针】
第2-3行： 重复第1行，最后一次重复时省略最后的锁针。【共3针短针】
11号线断线。

方格

19号线绕线作环起针。
第1圈： 3针锁针，2针长针，2针锁针，重复钩（3针长针，2针锁针）3次，在起始锁针第3针处引拔。【共12针长针】
第2圈： 3针锁针，*在下一段锁针前的每针内钩1针长针，在整段锁针内钩（2针长针，2针锁针，2针长针）**，重复*到**直到最后一段锁针，在起始锁针第3针处引拔。【共28针长针、4段锁针】

第3圈： 3针锁针，*在下一段锁针前的每针内钩1针长针，在整段锁针内钩（2针长针，2针锁针，2针长针）**，重复*到**直到最后一段锁针，剩余每针内钩1针长针，在起始锁针第3针处引拔。【共44针长针、4段锁针】
第4圈： 重复第3圈的钩织。【共60针长针、4段锁针】
在第5圈中将"圣诞树"的底边一并钩织。
第5圈： 3针锁针，*在下一段锁针前的每针内钩1针长针，在整段锁针内钩（2针长针，2针锁针，2针长针）**，重复*到**直到最后一段锁针，剩余每针内钩1针长针，在起始锁针第3针处引拔。【共76针长针、4段锁针】
第6圈： 重复第3圈。【共92针长针、4段锁针】
19号线断线。
在第6圈任意针内加入5号线。
第7圈： 1针锁针，*在下一段锁针前的每针内钩1针短针，在整段锁针内钩（1针短针，1针锁针，1针短针）**，重复*到**直到最后一段锁针，剩余每针内钩1针短针，引拔成环。【共100针短针、4针锁针】
5号线断线。

挂饰

19号线2针锁针起针。
钩法： 在起针锁针第1针处钩6针短针，引拔成环。【共6针短针】
19号线断线。重复以上步骤，使用19号线钩织2个"挂饰"，使用5号线钩织3个"挂饰"。将"挂饰"缝在"圣诞树"上，并将"圣诞树"缝合在方格上。

25	■
11	■
19	□
5	■

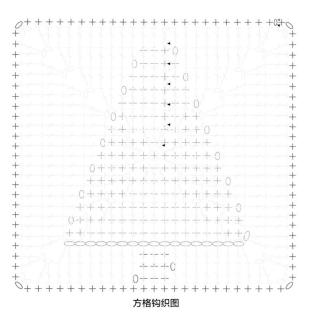

方格钩织图

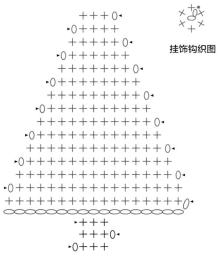

挂饰钩织图

树和树干钩织图

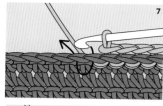

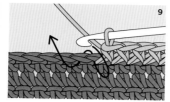

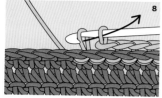

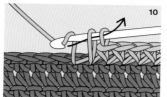

短针的前钩针

将钩针由前至后再至前插入并绕住指定针目（图9），挂线并钩出1个线圈，再次挂线并钩出，同时穿过钩针上的2个线圈（图10）。

中长针的前钩针

先挂线，将钩针由前至后再至前插入并绕住指定针目。再次挂线并钩出1个线圈，此时钩针上应有3个线圈。最后一次挂线并钩出，同时穿过这3个线圈。

长针的前钩针

按照普通长针的方法钩织，只不过将钩针由前至后再至前插入并绕住指定针目。

长长针的前钩针

按照普通长长针的方法钩织，只不过需将钩针由前至后再至前插入并绕住指定针目。

3 卷长针的前钩针

按照普通3卷长针的方法钩织，只不过需将钩针由前至后再至前插入并绕住指定针目。

4 卷长针的前钩针

按照普通4卷长针的方法钩织，只不过需将钩针由前至后再至前插入并绕住指定针目。

引拔针的后钩针

在织片正面操作，将钩针插入指定针目，并由后至前再至后绕住该针目（图7），挂线并钩出1个线圈，将该线圈一直钩入原有的线圈（图8）。

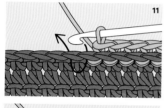

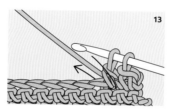

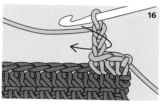

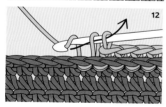

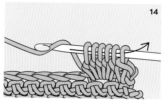

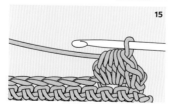

短针的后钩针

将钩针由后至前再至后插入并绕住指定钩针目（图11），挂线并钩出1个线圈，再次挂线并钩出，同时穿过钩针上的2个线圈（图12）。

中长针的后钩针

按照普通半长针的方法钩织，只不过需将钩针由后至前再至后插入并绕住指定针目。

长针的后钩针

按照普通长针的方法钩织，只不过需将钩针由后至前再至后插入并绕住指定针目。

泡泡针

挂线并将钩针插入指定针目，再次挂线并钩出1个线圈（图13）。在同一指定针目上重复挂线并钩出线圈，直到钩针上有6个线圈（图14）。最后一次挂线并钩出，同时穿过这6个线圈（图15）。

锁针 3 针的狗牙针

在指定针目上钩3针锁针，将钩针从右往左插入指定锁针的前半针和里山之下（图16），挂线并钩出，穿过钩针上的所有线圈（图17）。

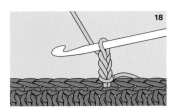

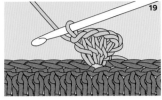

独立的爆米花针

以长针5针的爆米花针为例，将线从指定针目中钩出并顺势钩1针锁针以加线，然后再接着钩3针锁针（图18），在同一指定针目中钩4针长针（图19）。将钩针从线圈中抽出，然后由前至后插入起始锁针第3针的顶部，将刚刚抽出的线圈重新挂回钩针上，再挂线并钩出，同时穿过钩针上的2个线圈。

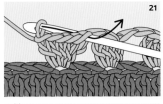

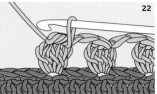

爆米花针

在同一指定针目中钩出需要的针数（如长针2针的爆米花针，则在同一针目上钩2针长针；长针5针的爆米花针，则在同一针目上钩5针长针），将钩针从线圈中抽出，然后由前至后插入该爆米花针的第1针顶部，接着插入刚刚抽出的线圈，挂线并钩出，同时穿过钩针上的2个线圈（图21和图22）。

钉针

将钩针插入指定针目，挂线并钩出1个线圈到指定高度，再次挂线并钩出，同时穿过钩针上的2个线圈。

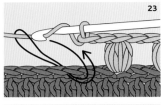

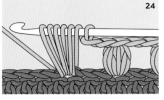

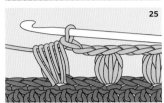

圈圈针

将线由前往后绕在持线的食指上，将钩针插入指定针目，挂线并钩出，此时食指上仍留有线圈，再次挂线并钩出，同时穿过钩针上的2个线圈。

泡芙针

先挂线，将钩针插入指定针目，再次挂线并钩出一个较长的线圈（图23），重复2次（图24），再次挂线并钩出，同时穿过钩针上的7个线圈（图25），最后钩1针锁针固定该泡芙针。

长针3针的泡芙针：重复（挂线并插入同一指定针目，再次挂线并钩出一个线圈，接着挂线并钩出，同时穿过钩针上的2个线圈）3次，最后一次挂线并钩出，同时穿过钩针上的4个线圈，最后钩1针锁针固定该泡芙针。

长针5针的泡芙针：按照"长针3针的泡芙针"的钩法，重复钩织5次，最后一次挂线钩出应同时穿过6个线圈。

长针7针的泡芙针：按照"长针3针的泡芙针"的钩法，重复钩织7次，最后一次挂线钩出应同时穿过8个线圈。

FINISHING 收尾方法

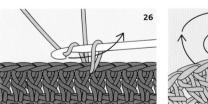

加入新线

将钩针插入指定针目，将要加入的线绕在钩针上并从针目中钩出一个线圈，再挂线并从线圈中钩出来固定（图26）。

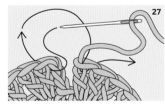

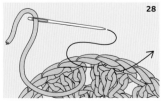

断线

将线剪断并将线头穿进钩针上的最后一个线圈。

隐形断线

隐形断线可以使织片的边缘更平整。将线剪断并将线头穿过最后一个针目，然后将线头穿进缝针，并将针由前往后穿过旁边的针目。接着将缝针插回最后一个针目的后半针，轻轻拉出（图27）。最后，用缝针将线头缝入织片反面并剪断剩余线头（图28）。

处理线头

使用毛线缝针，尽可能将所有多余线头缝入织片反面相同颜色处，时刻检查织片正面是否有线头露出。最后轻拉剩余线头并剪断。

定型

用防锈别针将织片铺平定位，使用熨斗的蒸汽将其定型。不要让熨斗直接接触织片，而是将熨斗悬停在半空利用底部产生的大量蒸汽来定型。当织片彻底晾干后再移除别针。

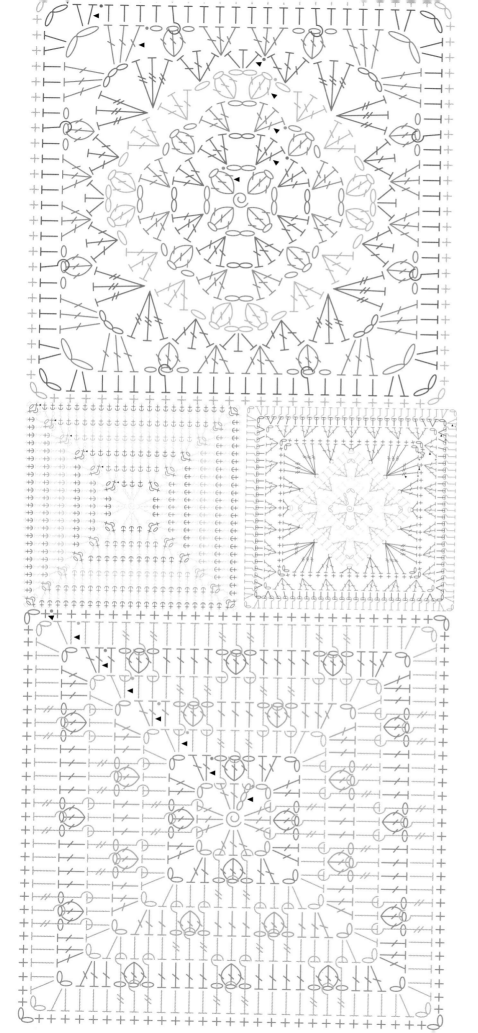

作者简介

凯蒂·摩尔 (CAITIE MOORE)

www.thoresbycottage.com

@thoresbycottage

凯蒂是名为"索斯比村庄"的博客和网络商店背后的手工艺人和钩针艺术设计者。她和家人及爱宠莉莉·巴顿居住在南非美丽的开普敦市。得益于坚实的科学与动物学背景，她那些稀奇古怪的玩偶及家居用品的灵感，皆来自大自然的色彩与形状。

凯蒂为本书设计的图案页码为：

17,18,19,20,21,22,23,26,27,30,31,33,
36,37,38,40,41,44,45,46,47,48,52,53,
57,60,62,64,71,72,75,76,79,110,112,
113,114,115,116,118

席琳·瑟曼 (CELIN SEMAAN)

www.craftycc.com

@crafty_cc

席琳是一位澳大利亚的钩针艺术设计者。她热衷于创造摩登与明快的钩针作品，并以此为标志性风格。她为人十分低调，我们很少在公开场合见到她，但她有一只六岁的宠物猫亚奇，偶尔会在她的Instagram上露面。

席琳为本书设计的图案页码为：

10,28,32,39,51,54,55,56,59,67,78,80,
81,82,83,84,85,91,94,95,96,97,101,
103,104,105,106,107,108,109,117

莎娜·摩尔 (SHARNA MOORE)

www.sweetsharna.com

@sweet_sharna

莎娜在大学时攻读纺织专业并一直是一位狂热的手工艺人。近些年，她对钩针艺术的热情急剧高涨，自然而然地便开始在社交媒体上发布自己的设计作品。她会从任何地方汲取灵感，特别是当春天来临，空气中充满着绽放的花朵时。

莎娜为本书设计的图案页码为：

11,12,13,14,15,16,24,25,29,34,35,42,
49,50,58,61,63,65,66,68,69,70,73,74,
77,86,87,88,89,90,92,93,98,99,100,
102,111,119

著作权合同登记号：图字：01-2021-7312

图书在版编目（CIP）数据

超立体的祖母方格花样100款／（南非）凯蒂·摩尔，（英）莎娜·摩尔，（澳）席琳·瑟曼著；倪嘉卉译. -- 北京：中国纺织出版社有限公司，2022.8（2025.1重印）
书名原文：3D Granny Squares
ISBN 978-7-5180-9075-4

Ⅰ.①超… Ⅱ.①凯… ②莎… ③席… ④倪… Ⅲ.①钩针－编织－图集 Ⅳ.①TS935.521-64

中国版本图书馆CIP数据核字（2021）第219710号

责任编辑：刘　婧　　责任校对：王花妮　　责任印制：储志伟

中国纺织出版社有限公司出版发行
地址：北京市朝阳区百子湾东里A407号楼　邮政编码：100124
销售电话：010—67004422　传真：010—87155801
http://www.c-textilep.com
中国纺织出版社天猫旗舰店
官方微博 http://weibo.com/2119887771
北京雅昌艺术印刷有限公司印刷　各地新华书店经销
2022年8月第1版　2025年1月第5次印刷
开本：889×1194　1/16　印张：8
字数：220千字　定价：69.80元

凡购本书，如有缺页、倒页、脱页，由本社图书营销中心调换